新手入门必读

U0167345

电工电路识图、布线、接线、应用速查手册

（图解·视频·案例）

天诚电图　编著

中国水利水电出版社
www.waterpub.com.cn

·北京·

内容提要

本书是一本专门讲解 电工电路识图、布线、接线、应用与维修技能 的图书。

本书以国家职业资格标准为指导，结合行业培训规范，依托典型案例，全面、细致地介绍各种电工电路的功能、特点、识读应用等专业知识及接线检修等综合实操技能。

本书内容包含了电工电路的符号标识，电工电路的基本结构，电路控制关系与识图方法，线缆的加工、连接与布线，电工电路常用部件安装与接线，电子元器件与电子电路识图，供配电路识图与检修，灯控照明电路识图与检修，直流电动机控制电路识图与检修，单相交流电动机控制电路识图与检修，三相交流电动机控制电路识图与检修，机电设备控制电路识图与检修，农机控制电路识图与检修和PLC及变频电路识图与检修等。

本书采用全彩图解的方式，讲解全面详细，理论和实践操作相结合，内容由浅入深，语言通俗易懂，非常方便读者学习。

另外，为了方便阅读，提升学习体验，本书采用微视频讲解互动的全新教学模式，在内页重要知识点相关图文的旁边附印了二维码。读者只要用手机扫描书中相关知识点的二维码，即可在手机上实时浏览观看对应的教学视频，帮助读者轻松领会。这不仅进一步方便了学习，而且大大提升了本书内容的学习价值。

本书可供电工电子初学者及专业技术人员学习使用，也可供职业院校、培训学校相关专业的师生和电子爱好者阅读。

图书在版编目（CIP）数据

电工电路识图、布线、接线、应用速查手册 ：图解·视频·案例/ 天诚电图编著. -- 北京 ：中国水利水电出版社，2024.4（2024.9重印）
ISBN 978-7-5226-2430-3

Ⅰ.①电… Ⅱ.①天… Ⅲ.①电路-基本知识 Ⅳ.①TM13

中国版本图书馆CIP数据核字（2024）第078766号

书　　名	电工电路识图、布线、接线、应用速查手册（图解·视频·案例） DIANGONG DIANLU SHITU BUXIAN JIEXIAN YINGYONG SUCHA SHOUCE	
作　　者	天诚电图　编著	
出版发行	中国水利水电出版社 （北京市海淀区玉渊潭南路1号D座　100038） 网址：www.waterpub.com.cn E-mail：zhiboshangshu@163.com 电话：（010）62572966-2205/2266/2201（营销中心）	
经　　售	北京科水图书销售有限公司 电话：（010）68545874、63202643 全国各地新华书店和相关出版物销售网点	
排　　版	北京智博尚书文化传媒有限公司	
印　　刷	北京富博印刷有限公司	
规　　格	148mm×210mm　32开本　8.5印张　392千字	
版　　次	2024年5月第1版　2024年9月第3次印刷	
印　　数	12001—18000册	
定　　价	59.00元	

凡购买我社图书，如有缺页、倒页、脱页的，本社营销中心负责调换

版权所有·侵权必究

前言

电工电路识图、布线、接线、应用是电子电工领域必须掌握的专业基础技能。

本书从零基础开始，通过实战案例，全面、系统地讲解各类电工电路的特点、识图、接线及应用等各项专业知识和综合实操技能。

▌全新的知识技能体系

本书的编写目的是让读者能够在短时间内领会并掌握各种不同类型电工电路的识图方法与布线、接线、应用等专业知识和操作技能。为此，天诚电图根据国家职业资格标准和行业培训规范，对电工领域所应用的电工电路进行了细致的归纳和整理。从零基础开始，通过大量实例，全面系统地讲解电工电路识图方法，并结合实际接线、布线和检修的实操演示，真正让这本书成为一本从理论学习逐步上升为实战应用的专业技能指导图书。

▌全新的内容诠释

本书在内容诠释方面极具"视觉冲击力"。整本图书采用彩色印刷，突出重点；内容由浅入深、循序渐进；按照行业培训特色将各知识技能整合成若干"项目模块"输出；知识技能的讲授充分发挥"天诚电图"的特色，大量的结构原理图、效果图、实物照片和操作演示拆解图相互补充；依托实战案例，通过以"图"代"解"、以"解"说"图"的形式向读者最直观地传授电工电路识图、接线、布线及应用的专业知识和综合技能，让读者能够轻松、快速、准确地领会和掌握。

▌全新的学习体验

本书开创了全新的学习体验，"模块化教学"+"多媒体图解"+"二维码微视频"构成了本书独有的学习特色。首先，在内容选取上，天诚电图进行了大量的市场调研和资料汇总。根据知识内容的专业特点和行业岗位需求将学习内容模块化分解。其次，依托多媒体图解的方式输出给读者，让读者以"看"代"读"、以"练"代"学"。最后，为了获得更好的学习效果，本书充分考虑读者的学习习惯，在书中增设了二维码。读者可以在书中很多知识技能旁边找到二维码，然后通过手机扫描二维码，打开相关的微视频。微视频中有对图书相应内容的生动讲解，有对关键知识技能点的演示操作。全新的学习手段更加增强了读者自主学习的互动性，不仅提升了学习效率，而且增强了学习的兴趣和效果。

当然，我们也一直在学习和探索专业的知识技能，由于水平有限，编写时间仓促，书中难免会出现一些疏漏，欢迎读者指正，也期待与您的技术交流。

天诚电图
网址：http://www.chinadse.org
联系电话：022-83715667/13114807267
E-mail：chinadse@163.com
地址：天津市南开区榕苑路4号天发科技园8-1-401
邮编：300384

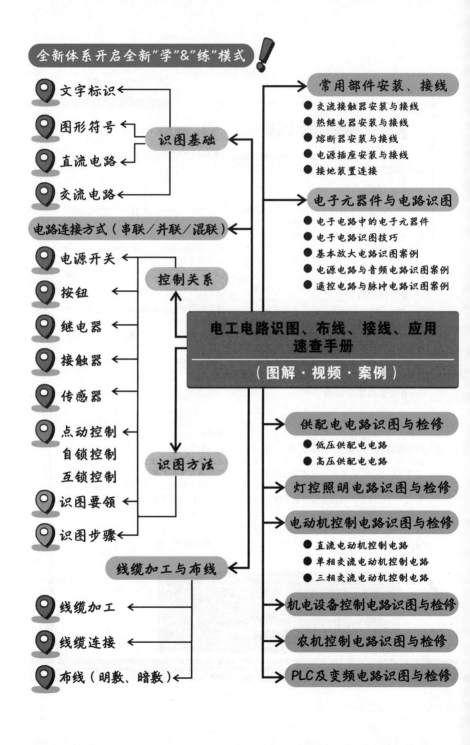

全新体系开启全新"学"&"练"模式！

文字标识 ← ┐
图形符号 ← ┤ 识图基础 →
直流电路 ← ┤
交流电路 ← ┘

电路连接方式（串联/并联/混联）←

电源开关 ← ┐
按钮 ← ┤ 控制关系 →
继电器 ← ┤
接触器 ← ┤
传感器 ← ┤
点动控制 ← ┤
自锁控制
互锁控制
识图要领 ← ┤ 识图方法 →
识图步骤 ← ┘

线缆加工与布线 ←

线缆加工 ←
线缆连接 ←
布线（明敷、暗敷）←

常用部件安装、接线
● 交流接触器安装与接线
● 热继电器安装与接线
● 熔断器安装与接线
● 电源插座安装与接线
● 接地装置连接

电子元器件与电路识图
● 电子电路中的电子元器件
● 电子电路识图技巧
● 基本放大电路识图案例
● 电源电路与音频电路识图案例
● 遥控电路与脉冲电路识图案例

电工电路识图、布线、接线、应用速查手册
（图解·视频·案例）

供配电电路识图与检修
● 低压供配电电路
● 高压供配电电路

灯控照明电路识图与检修

电动机控制电路识图与检修
● 直流电动机控制电路
● 单相交流电动机控制电路
● 三相交流电动机控制电路

机电设备控制电路识图与检修

农机控制电路识图与检修

PLC及变频电路识图与检修

第4章　线缆的加工、连接与布线[58]

第5章 电工电路常用部件安装与接线[84]

第6章 电子元器件与电子电路识图[110]

第7章　供配电电路识图与检修[137]

第11章　三相交流电动机控制电路识图与检修[193]

第12章　机电设备控制电路识图与检修[209]

1

本章系统介绍电工电路的符号标识。

● 文字符号标识
◇ 基本文字符号
◇ 辅助文字符号
◇ 组合文字符号
◇ 专用文字符号
● 图形符号标识
◇ 电子元器件的图形符号
◇ 低压电气部件的图形符号
◇ 高压电气部件的图形符号

第1章

电工电路的符号标识

1.1 文字符号标识

1.1.1 基本文字符号

文字符号是电工电路中常用的一种字符代码，一般标注在电路中电气设备、装置和元器件的近旁，以标识其种类和名称。

图1-1为电工电路中的基本文字符号。

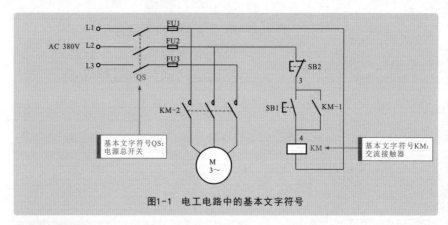

图1-1 电工电路中的基本文字符号

补充说明

通常，基本文字符号一般分为单字母符号和双字母符号。其中，单字母符号是按拉丁字母将各种电气设备、装置、元器件划分为23个大类，每大类用一个大写字母表示。例如，R表示电阻器类，S表示开关选择器类。在电工电路中，单字母优先选用。

双字母符号由一个表示种类的单字母符号与另一个字母组成。通常为单字母符号在前、另一个字母在后的组合形式。例如，F表示保护器件类，FU表示熔断器；G表示电源类，GB表示蓄电池（B为蓄电池的英文名称battery的首字母的大写）；T表示变压器类，TA表示电流互感器（A为电流表的英文名称ammeter的首字母的大写）。

电工电路中常见的基本文字符号主要有组件部件、变换器、电容器、半导体器件等。图1-2为电气电路中的基本文字符号。

种类	组件部件										
字母符号	A			A/AB	A/AD	A/AF	A/AG	A/AJ	A/AM	A/AV	A/AP	A/AT
中文名称	分立元件放大器	激光器	调节器	电桥	晶体管放大器	频率调节器	给定积分器	集成电路放大器	磁放大器	电子管放大器	印制电路板、脉冲放大器	抽屉柜触发器

种类	组件部件		变换器（从非电量到电量或从电量到非电量）						
字母符号	A/ATR	A/AR、AVR	B					B/BC	B/BO
中文名称	转矩调节器	支架盘	热电传感器、热电池、光电池	测功计、晶体转换器、送话器	拾音器、扬声器、耳机	自整角机、旋转变压	模拟和多级数字变换器或传感器	电流变换器	光电耦合器

种类	变换器（从非电量到电量或从电量到非电量）								电容器		
字母符号	B/BP	B/BPF	B/BQ	B/BR	B/BT	B/BU	B/BUF	B/BV	C	C/CD	C/CH
中文名称	压力变换器	触发器	位置变换器	旋转变换器	温度变换器	电压变换器	电压—频率变换器	速度变换器	电容器	电流微分环节	斩波器

种类	二进制单元、延迟器件、存储器件						杂项	
字母符号	D						D/DA	D/D(A)N	D/DN	D/DO	D/DPS	E	E/EH
中文名称	数字集成电路和器件	延迟线、双稳态元件	单稳态元件、磁芯存储器	寄存器、磁带记录机	盘式记录机	光器件、热器件	与门	与非门	非门	或门	数字信号处理器	本表其他地方未提及的元件	发热器件

种类	杂项		保护器件								发电机、电源	
字母符号	E/EL	E/EV	F	F/FA	F/FB	F/FF	F/FR	F/FS	F/FU	F/FV	G	G/GS
中文名称	照明灯	空气调节器	过电压放电器件、避雷器	具有瞬时动作的限流保护器件	反馈环节	快速熔断器	具有延时动作的限流保护器件	具有延时和瞬时动作的限流保护器件	熔断器	限压保护器件	旋转发电机、振荡器	发生器、同步发电机

种类	发电机、电源						信号器件				继电器、接触器
字母符号	G/GA	G/GB	G/GF	G/GD	G/G-M	G/GT	H	H/HA	H/HL	H/HR	K
中文名称	异步发电机	蓄电池	旋转式或固定式变频机、函数发生器	驱动器	发电机-电动机组	触发器（装置）	信号器件	声响指示器	光指示器、指示灯	热脱扣	继电器

种类	继电器、接触器										
字母符号	K/KA	K/KC	K/KG	K/KL	K/KM	K/KFM	K/KFR	K/KP	K/KT	K/KTP	K/KR
中文名称	瞬时接触继电器、瞬时有或无继电器	交流接触器、电流继电器	控制继电器	气体继电器	闭锁接触继电器、双稳态继电器	接触器、中间继电器	正向接触器	反向接触器	极化继电器、电簧片继电器、功率继电器	延时有无继电器或时间继电器	温度继电器、跳闸继电器	逆流继电器

种类	继电器、接触器		电感器、电抗器			电动机						
字母符号	K/KVC	K/KVV	L	L/LA	L/LB	M	M/MC	M/MD	M/MS	M/MG	M/MT	M/MW（R）
中文名称	欠电流继电器	欠电压继电器	感应线圈、线路陷波器	电抗器（并联和串联）	桥臂电抗器	平衡电抗器	电动机	笼型电动机	直流电动机	同步电动机	可作为发电机或电动机用的电动机	力矩电动机	绕线转子电动机

图1-2 电气电路中的基本文字符号

种类	模拟集成电路	测量设备、试验设备									
字母符号	N	P	P/PA	P/PC	P/PJ	P/PLC	P/PRC	P/PS	P/PT	P/PV	P/PWM
中文名称	运算放大器、模拟/数字混合器件	指示器件、记录器件	计算测量器件、信号发生器	电流表	(脉冲)计数器	电度表(电能表)	可编程控制器	环形计数器	记录仪、信号发生器	时钟、操作时间表	电压表	脉冲调制器

种类	电力电路的开关					电阻器					
字母符号	Q/QF	Q/QK	Q/QL	Q/QM	Q/QS	R		R/RP	R/RS	R/RT	R/RV
中文名称	断路器	刀开关	负荷开关	电动机保护开关	隔离开关	电阻器	变阻器	可调电阻器(电位器)	测量分流器	热敏电阻器	压敏电阻器

种类	控制电路的开关选择器									变压器		
字母符号	S	S/SA	S/SB	S/SL	S/SM	S/SP	S/SQ	S/SR	S/ST	T/TA	T/TAN	T/TC
中文名称	拨号接触器、连接极	机电式有或无传感器	控制开关、选择开关、电子模拟开关	按钮开关、停止按钮	液体标高传感器	主令开关、伺服电动机	压力传感器	位置传感器	转速传感器	电流互感器	零序电流互感器	控制电路电源用变压器

种类	变压器							调制器、变换器				
字母符号	T/TI	T/TM	T/TP	T/TR	T/TS	T/TU	T/TV	U	U/UR	U/UI	U/UPW	U/UD	U/UF
中文名称	逆变变压器	电力变压器	脉冲变压器	整流变压器	磁稳压器	自耦变压器	电压互感器	鉴频器、编码器、交流流量电报详码器	变流器、整流器	逆变器	脉冲调制器	解调器	变频器

种类	电真空器件、半导体器件						传输通道、波导、天线		
字母符号	V	V/VC	V/VD	V/VE	V/VZ	V/VT	V/VS	W	W/WB	W/WF
中文名称	气体放电管、二极管、晶体管、晶闸管	控制电路用电源的整流器	二极管	电子管	稳压二极管	晶体三极管、场效应晶体管	晶闸管	导线、电缆、波导、波导定向耦合器	偶板天线、抛物面天线	母线	闪光信号小母线

种类	端子、插头、插座					电气操作的机械装置			
字母符号	X	X/XB	X/XJ	X/XP	X/XS	X/XT	Y	Y/YA	Y/YB	Y/YC	Y/YH
中文名称	连接插头和插座、接线柱	电缆封端和接头、焊接端子板	连接片	测试插孔	插头	插座	端子板	气阀	电磁铁	电磁制动器	电磁离合器	电磁吸盘

种类	电气操作的机械装置		终端设备、混合变压器、滤波器、均衡器、限幅器				
字母符号	Y/YM	Y/YV	Z				
中文名称	电动阀	电磁阀	电缆平衡网络	晶体滤波器	压缩扩展器	网络	

图1-2（续）

1.1.2 | 辅助文字符号

电气设备、装置和元器件的种类和名称可以用基本文字符号表示，而它们的功能、状态和特征则可以用辅助文字符号表示。图1-3为典型电工电路中辅助文字符号标识。

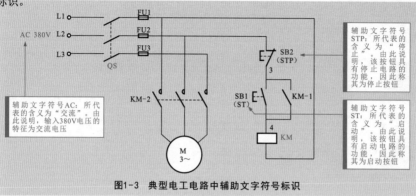

图1-3 典型电工电路中辅助文字符号标识

> 📖 补充说明
>
> 辅助文字符号通常由表示功能、状态和特征的英文单词前一、二位字母构成，也可由常用缩略语或约定俗成的习惯用法构成，一般不能超过三位字母。例如，IN表示输入，ON表示闭合，STE表示步进；表示"启动"采用START的前两位字母ST；表示"停止（STOP）"的辅助文字符号必须再加一个字母，为STP。辅助文字符号也可放在表示种类的单字母符号后边组合成双字母符号，此时辅助文字符号一般采用表示功能、状态和特征的英文单词的第一个字母。例如，ST表示启动，YB表示电磁制动等。

某些辅助文字符号本身具有独立的、确切的意义，也可以单独使用。例如，N表示交流电源的中性线，DC表示直流电，AC表示交流电，PE表示保护接地等。图1-4为电气电路中常用的辅助文字符号。

文字符号	A	AC	A, AUT	ACC	ADD	ADJ	AUX	ASY	B, BRK	BK
名称	电流	模拟	交流	自动	加速	附加	可调	辅助	异步	制动	黑

文字符号	BL/BU	BW	C	CW	CCW	D			DC	DEC
名称	蓝	向后	控制	顺时针	逆时针	延时（延迟）	差动	数字	降	直流	减

文字符号	E	EM	F	FB	FW	GN	H	IN	IND	INC	L
名称	接地	紧急	快速	反馈	正、向前	绿	高	输入	感应	增	左

图1-4 电气电路中常用的辅助文字符号

文字符号	L	LA	M				M, MAN	N	ON	OFF	OUT
名称	限制	低	闭锁	主	中	中间线	手动	中性线	闭合	断开	输出

文字符号	P	PE	PEN	PU		R			RD	RES	R,RST
名称	压力	保护	保护接地	保护接地与中性线共用	不接地保护	记录	右	反	红	备用	复位

文字符号	RUN	S	SAT	ST	S,SET	STE	STP	SYN	T		TE
名称	运转	信号	饱和	启动	位置、定位	步进	停止	同步	温度	时间	无噪声(防干扰)接地

文字符号	V			WH	YE
名称	真空	电压	速度	白	黄

图1-4（续）

1.1.3 组合文字符号

组合文字符号通常由字母+数字代码构成，是目前最常采用的一种文字符号。其中，字母表示各种电气设备、装置和元器件的种类或名称（为基本文字符号），数字表示其对应的编号（序号）。图1-5为典型电工电路中组合文字符号的标识。

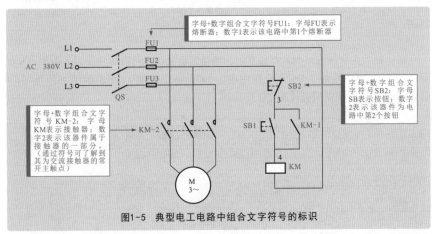

图1-5 典型电工电路中组合文字符号的标识

将数字代码与字母符号组合起来使用，可以说明同一类电气设备、元器件的不同编号。例如，电工电路中有三个相同类型的继电器，其文字符号分别标识为KA1、KA2、KA3。反过来说，在电工电路中，相同字母标识的器件为同一类器件，而字母后面的数字最大值则表示该电路中该器件的总个数。

📖 补充说明

图1-5中，以字母FU作为文字标识的器件有三个，即FU1、FU2、FU3，分别表示该电路中的第1个熔断器、第2个熔断器、第3个熔断器，表明该电路中有三个熔断器；KM-1、KM-2中的基本文字符号均为KM，说明这两个器件与KM属于同一个器件，是KM中包含的两个部分，即交流接触器KM中的两个触点。

1.1.4 专用文字符号

在电工电路中，有些时候为了清楚地表示接线端子和特定导线的类型、颜色或用途，通常用专用文字符号表示。

1 表示接线端子和特定导线的专用文字符号

在电工电路图中，具有特殊用途的接线端子、导线等通常采用专用文字符号进行标识，这里归纳总结了一些常用的特殊用途的专用文字符号。

图1-6为特殊用途的专用文字符号。

文字符号	L1	L2	L3	N	U	V	W	L+	L-	M	E	PE
名称	交流系统中电源第一相	交流系统中电源第二相	交流系统中电源第三相	中性线	交流系统中设备第一相	交流系统中设备第二相	交流系统中设备第三相	直流系统电源正极	直流系统电源负极	直流系统中间线	接地	保护接地

文字符号	PU	PEN	TE	MM	CC	AC	DC
名称	不接地保护	保护接地线和中间线共用	无噪声接地	机壳或机架	等电位	交流电	直流电

图1-6 特殊用途的专用文字符号

2 表示颜色的文字符号

由于大多数电工电路图等技术资料为黑白颜色，很多导线的颜色无法正确区分，因此在电工电路图上通常用文字符号表示导线的颜色，用于区分导线的功能。

图1-7为常见的表示颜色的文字符号。

文字符号	RD	YE	GN	BL/BU	VT	WH	GY	BK	BN	OG	GNYE	SR
颜色	红	黄	绿	蓝	紫、紫红	白	灰、蓝灰	黑	棕	橙	绿黄	银白

文字符号	TQ	GD	PK
颜色	青绿	金黄	粉红

图1-7 常见的表示颜色的文字符号

除了上述几种基本的文字符号外，为了实现与国际接轨，近几年生产的大多数电气仪表中也都采用了大量的英文语句或单词，甚至是缩写等作为文字符号表示仪表的类型、功能、量程和性能等。

通常，一些文字符号直接用于标识仪表的类型及名称，有些文字符号则表示仪表上的相关量程和用途等。图1-8为其他常见的专用文字符号。

符号	A	mA	μA	kA	Ah	V	mV	kV	W	kW	var	Wh
名称	安培表（电流表）	毫安表	微安表	千安表	安培小时表	伏特表（电压表）	毫伏表	千伏表	瓦特表（功率表）	千瓦表	乏表（无功功率表）	电度表（瓦时表）

符号	varh	Hz	λ	cosφ	φ	Ω	MΩ	n	h	θ(t°)	±	ΣA
名称	乏时表	频率表	波长表	功率因数表	相位表	欧姆表	兆欧表	转速表	小时表	温度表（计）	极性表	测量仪表（如电量测量表）

符号	DCV	DCA	ACV	OHM (OHMS)	BATT	OFF	MODEL	HEF	COM	ON/OFF	HOLD	MADE IN CHINA
含义	直流电压	直流电流	交流电压	欧姆	电池	关、关机	型号	晶体三极管直流电流放大倍数测量孔与挡位	模拟地公共插口	开/关	数据保持	中国制造
用途	直流电压测量	直流电流测量	交流电压测量	欧姆阻值的测量								
备注	用V或V-表示	用A或A-表示	用V或V~表示	用Ω或R表示								

图1-8　其他常见的专用文字符号

1.2　图形符号标识

当看到一张电气控制线路图时，其所包含的不同元器件、装置、线路及安装连接等并不是这些物理部件的实际外形，而是由每种物理部件对应的图样或简图进行体现的，把这种"图样"和"简图"称为图形符号。

图形符号是构成电气控制线路图的基本单元，就像一篇文章中的"词汇"。因此，要理解电气控制线路的原理，首先要正确地了解、熟悉和识别这些符号的形式、内容和含义，以及它们之间的相互关系。

1.2.1　电子元器件的图形符号

电子元器件是构成电工电路的基本电子器件，常用的电子元器件有很多种，且每种电子元器件都用自己的图形符号进行标识。

图1-9为典型的光控照明电工实用电路。识读图中电子元器件的图形符号含义，可建立起与实物电子元器件的对应关系，这是学习识图过程的第一步。

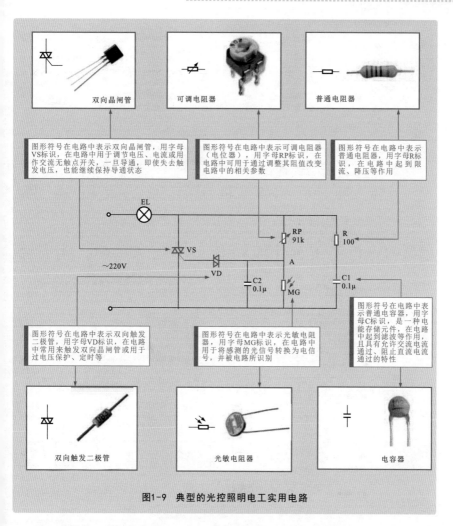

图1-9 典型的光控照明电工实用电路

电工电路中，常用的电子元器件主要有电阻器、电容器、电感器、二极管、三极管、场效应晶体管和晶闸管等。图1-10为常用电子元器件的图形符号。

类型	电阻器									
图形符号	R	R	FU	RP	RP			R或MG	R或MZ、MF	R或MY	R或MS
名称	普通电阻器	熔断电阻器	熔断器	可调电阻器或电位器		霍尔传感器		光敏电阻器	热敏电阻器	压敏电阻器	湿敏电阻器

图1-10 常用电子元器件的图形符号

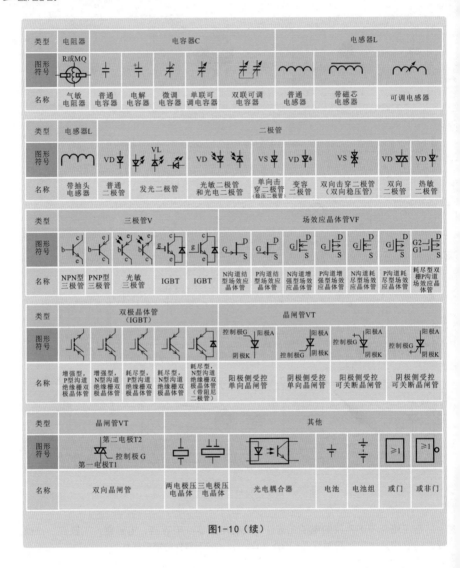

图1-10（续）

1.2.2 | 低压电气部件的图形符号

低压电气部件是指用于低压供配电线路中的部件，在电工电路中的应用十分广泛。低压电气部件的种类和功能不同，应根据其相应的图形符号识别。

图1-11为电工电路中常用低压电气部件的图形符号。

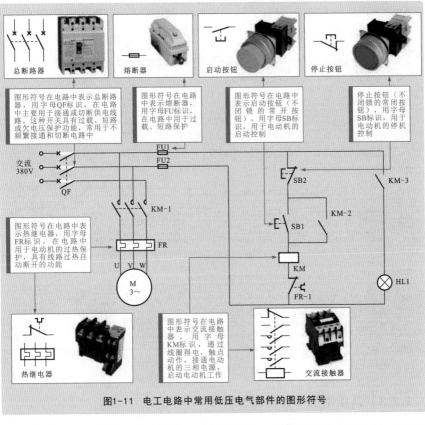

图1-11 电工电路中常用低压电气部件的图形符号

电工电路中，常用的低压电气部件主要包括交直流接触器、各种继电器、低压开关等。图1-12为常用低压电气部件的图形符号。

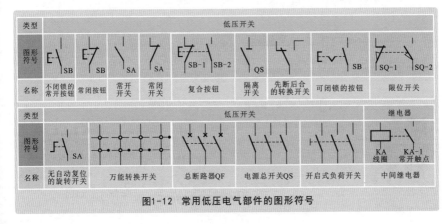

图1-12 常用低压电气部件的图形符号

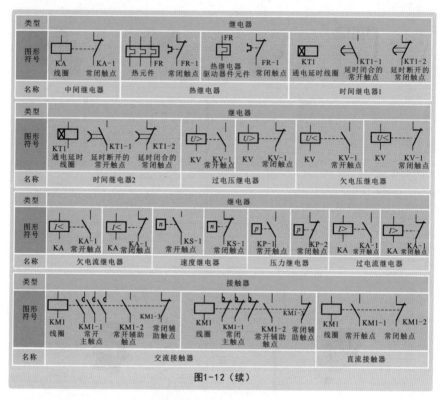

图1-12（续）

1.2.3 | 高压电气部件的图形符号

高压电气部件是指应用于高压供配电线路中的电气部件。在电工电路中，高压电气部件都用于电力供配电线路中，通常在电路图中也是由其相应的图形符号标识。

图1-13为典型的高压配电线路图。

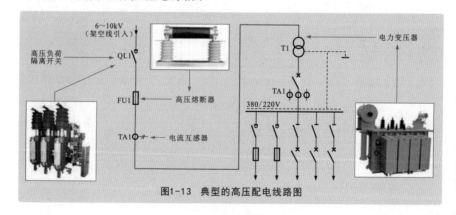

图1-13 典型的高压配电线路图

在电工电路中，常用的高压电气部件主要包括避雷器、高压熔断器（跌落式熔断器）、高压断路器、电力变压器、电流互感器、电压互感器等。其对应的图形符号如图1-14所示。

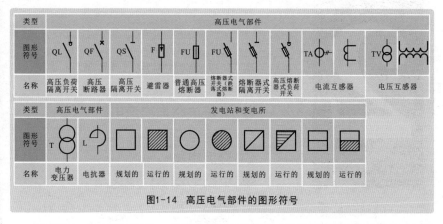

图1-14 高压电气部件的图形符号

在识读电工电路的过程中，常常会遇到各种各样功能部件的图形符号，用于标识其所代表的物理部件，如各种电声器件、灯控或电控开关、信号器件、电动机、普通变压器等。在学习识图的过程中，需要首先认识这些功能部件的图形符号，否则将无法理解电路。除此之外，在电工电路中还常常绘制具有专门含义的图形符号，认识这些图形符号对于快速和准确理解电路是十分必要的。

图1-15为电工电路中常用功能部件和其他常用的图形符号。

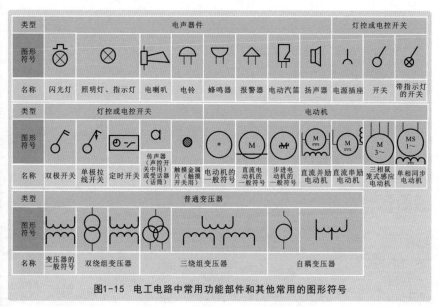

图1-15 电工电路中常用功能部件和其他常用的图形符号

本章系统介绍电工电路的基本结构。

● 直流电路与交流电路
◇ 直流电路
◇ 交流电路
● 电路的基本连接关系
◇ 串联方式
◇ 并联方式
◇ 混联方式

第2章

电工电路的基本结构

2.1 直流电路与交流电路

2.1.1 直流电路

直流电路是指电流流向不变的电路，是由直流电源、控制器件及负载（电阻、灯泡、电动机等）构成的闭合导电回路。图2-1为简单的直流电路。

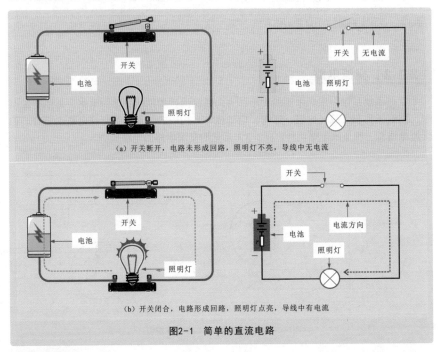

（a）开关断开，电路未形成回路，照明灯不亮，导线中无电流

（b）开关闭合，电路形成回路，照明灯点亮，导线中有电流

图2-1　简单的直流电路

> **补充说明**
>
> 　电路是将一个控制器件（开关）、一个电池和一个灯泡（负载）通过导线首、尾相连构成的简单直流电路。当开关闭合时，直流电流可以流通，灯泡点亮，此时灯泡处的电压与电池电压值相等；当开关断开时，电流被切断，灯泡熄灭。

在直流电路中，电流和电压是两个非常重要的基本参数，如图2-2所示。

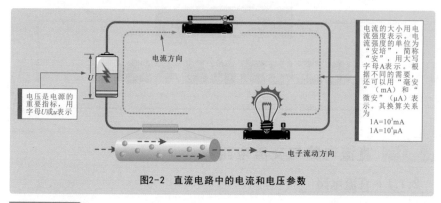

图2-2　直流电路中的电流和电压参数

🔹 补充说明

电流是指在一个导体的两端加上电压，导体中的电子在电场作用下做定向运动形成的电子流。
电压就是带正电体与带负电体之间的电势差。也就是说，由电引起的压力使原子内的电子移动形成电流，该电流流动的压力就是电压。

2.1.2 交流电路

交流电路是指电压和电流的大小、方向随时间做周期性变化的电路，是由交流电源、控制器件和负载（电阻、灯泡、电动机等）构成的。常见的交流电路主要有单相交流电路和三相交流电路两种。图2-3为常见的交流电路的电路模型。

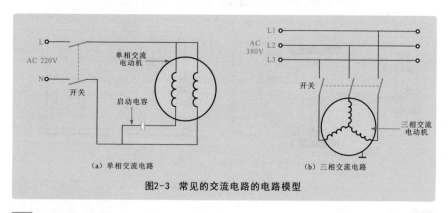

图2-3　常见的交流电路的电路模型

1 单相交流电路

单相交流电路是指交流220V/50Hz的供电电路。这是我国公共用电的统一标准，交流220V电压是指火线（相线）对零线的电压，一般的家庭用电都是单相交流电路。

如图2-4所示，单相交流电路主要有单相两线式和单相三线式两种。

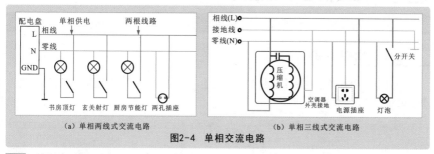

（a）单相两线式交流电路　　　　　　　（b）单相三线式交流电路

图2-4　单相交流电路

2 三相交流电路

三相交流电路主要有三相三线式、三相四线式和三相五线式三种。

图2-5为典型的三相三线式交流电路。三相三线式交流电路是指由变压器引出三根相线为负载设备供电。高压电经电柱上变压器变压后，由变压器引出三根相线，为工厂的电气设备供电，每根相线之间的电压为380V。

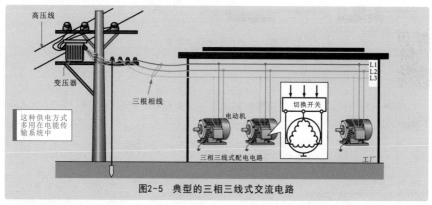

图2-5　典型的三相三线式交流电路

图2-6为典型的三相四线式交流电路和三相五线式交流电路。

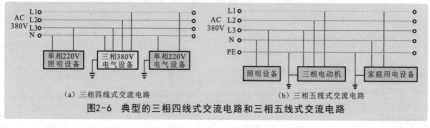

（a）三相四线式交流电路　　　　　　　（b）三相五线式交流电路

图2-6　典型的三相四线式交流电路和三相五线式交流电路

三相四线式交流电路中三根为相线，另一根中性线为零线。

三相五线式交流电路是在三相四线式交流电路的基础上增加一根地线（PE），与本地的大地相连，起保护作用。

2.2 电路的基本连接关系

电路的基本连接关系有三种形式,即串联方式、并联方式和混联方式。

2.2.1 串联方式

如果电路中有两个或多个负载首、尾相连,则连接状态是串联的,则称该电路为串联电路。图2-7为典型的电路串联关系。

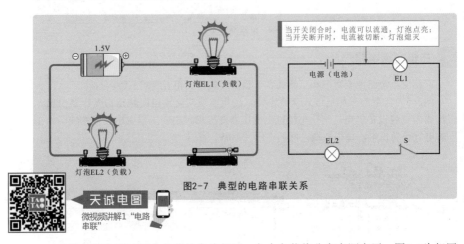

图2-7 典型的电路串联关系

天诚电图

微视频讲解1 "电路串联"

串联电路中流过每个负载的电流相同,各个负载将分享电源电压。图2-8为相同灯泡串联的电压分配模型。

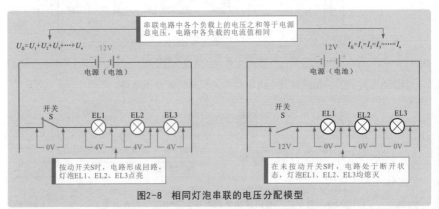

图2-8 相同灯泡串联的电压分配模型

补充说明

三个相同的灯泡串联在一起,每个灯泡将得到1/3的电源电压量。每个串联的负载可分到的电压量与自身的电阻有关,即自身电阻较大的负载会得到较大的电压量。

1 电阻器串联

　　电阻器串联电路是指将两个以上的电阻器依次首、尾相接，组成中间无分支的电路，是电路中最简单的电路单元。图2-9为电阻器串联电路的应用模型。在电阻器串联电路中，只有一条电流通路，流过电阻器的电流都是相等的。这些电阻器的阻值相加就是该电路的总阻值，每个电阻器上的电压根据每个电阻器阻值的大小按比例分配。

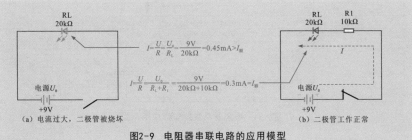

$$I=\frac{U}{R}=\frac{U_o}{R_L}=\frac{9V}{20k\Omega}=0.45mA>I_{额}$$

$$I=\frac{U}{R}=\frac{U_o}{R_L+R_1}=\frac{9V}{20k\Omega+10k\Omega}=0.3mA=I_{额}$$

（a）电流过大，二极管被烧坏　　　　　　（b）二极管工作正常

图2-9　电阻器串联电路的应用模型

补充说明

　　图2-9（a）中，发光二极管的额定电流I_e=0.3mA，工作在9V电压下，可以算出，电流为0.45mA，超过发光二极管的额定电流，当开关接通后，会烧坏发光二极管。图2-9（b）是串联一个电阻器后的工作状态，电阻器和二极管串联后，总电阻值为30kΩ，电压不变，电路电流降为0.3mA，发光二极管可以正常发光。

　　图2-10为电阻器串联电路的实际应用。

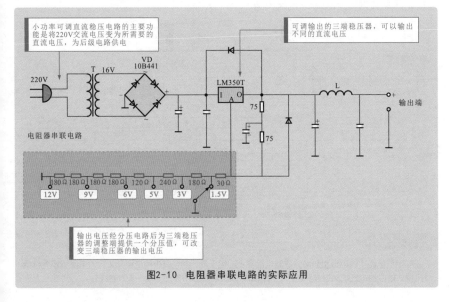

图2-10　电阻器串联电路的实际应用

2 电容器串联

电容器串联电路是指将两个以上的电容器依次首、尾相接，所组成中间无分支的电路。图2-11为电容器串联的实际应用。将多个电容器串联可以使电路中的电容器耐压值升高，串联电容器上的电压之和等于总输入电压，具有分压功能。

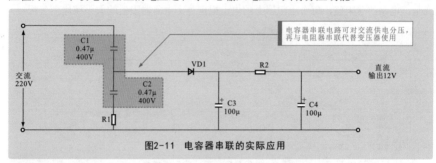

图2-11 电容器串联的实际应用

补充说明

C1和C2与电阻器R1串联组成分压电路，相当于变压器的作用，有效减少了实物电路的体积。通过改变R1的大小，可以改变电容分压电路中压降的大小，进而改变输出的直流电压值。这种电路与交流市电没有隔离，地线带交流高压，注意防触电问题。

3 RC串联

电阻器和电容器串联连接后构建的电路称为RC串联电路。该电路多与交流电源连接。图2-12为典型RC串联电路模型。

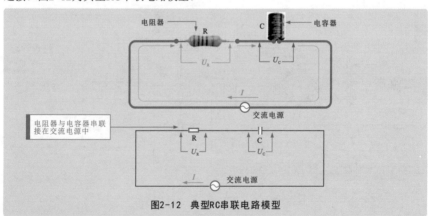

图2-12 典型RC串联电路模型

补充说明

RC串联电路中的电流引起电容器和电阻器上的电压降，与电路中的电流及各自的电阻值或容抗值成比例。电阻器电压U_R和电容器电压U_c用欧姆定律表示为$U_R=IR$、$U_c=IX_c$（X_c为容抗）。

4 LC串联

LC串联谐振电路是指将电感器和电容器串联后形成的，且为谐振状态（关系曲线具有相同的谐振点）的电路。图2-13为串联谐振电路及电流和频率的关系曲线。

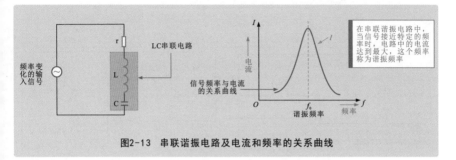

图2-13 串联谐振电路及电流和频率的关系曲线

2.2.2 并联方式

两个或两个以上负载的两端都与电源两端相连，则连接状态是并联的，称该电路为并联电路。图2-14为典型的电路并联关系。

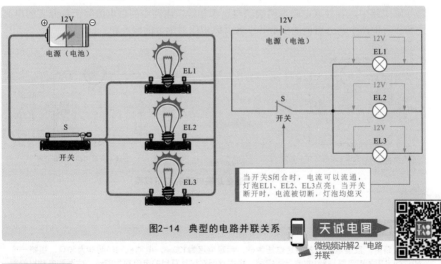

当开关S闭合时，电流可以流通，灯泡EL1、EL2、EL3点亮；当开关断开时，电流被切断，灯泡均熄灭

图2-14 典型的电路并联关系

天诚电图

微视频讲解2 "电路并联"

◈ 补充说明

在并联的状态下，每个负载的工作电压都等于电源电压，不同支路中会有不同的电流通路。

当支路的某一点出现问题时，该支路将变成断路状态，照明灯会熄灭，但其他支路依然正常工作，不受影响。

第1章
第2章
第3章
第4章
第5章
第6章
第7章
第8章
第9章
第10章
第11章
第12章
第13章
第14章

在并联电路中，每个负载相对于其他负载都是独立的，即有多少个负载就有多少条电流通路。例如，图2-15为两个灯泡的并联电路。图2-15中由于是两盏灯并联，因此，就有两条电流通路。当其中一个灯泡坏掉了，则该条电流通路不能工作，而另一条电流通路是独立的，并不会受到影响，因此，另一个灯泡仍然能正常工作。

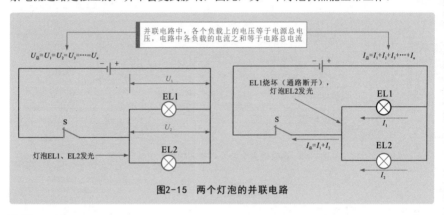

图2-15 两个灯泡的并联电路

1 电阻器并联

将两个或两个以上的电阻器按首、首和尾、尾方式连接起来，并接在电路的两点之间，这种电路叫作电阻器并联电路。图2-16为电阻器并联电路的应用模型。在电阻器并联电路中，各并联电阻器两端的电压都相等，电路中的总电流等于各分支的电流之和，且电路中的总阻值的倒数等于各并联电阻器阻值的倒数和。

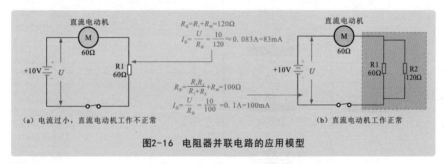

图2-16 电阻器并联电路的应用模型

补充说明

电路中，直流电动机的额定电压为6V，额定电流为100mA，电动机的内阻R_M为60Ω，当把一个60Ω的电阻器R1串联接到10V电源两端后，根据欧姆定律计算出的电流约为83mA，达不到电动机的额定电流。

在没有阻值更小的电阻器的情况下，将一个120Ω的电阻器R2并联在R1上，根据并联电路中的总阻值计算可得$R_总=100Ω$，则电路中的电流$I_总$变为100mA，达到直流电动机的额定电流，电路可正常工作。

图2-17为电阻器并联的实际应用。

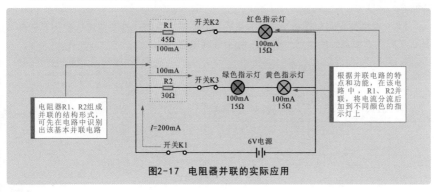

图2-17 电阻器并联的实际应用

2 RC并联

电阻器和电容器并联连接在交流电源两端，称为RC并联电路，如图2-18所示。与所有并联电路相似，在RC并联电路中，电压U直接加在各个支路上，因此各支路的电压相等，都等于电源电压，即$U=U_R=U_C$，并且三者之间的相位相同。

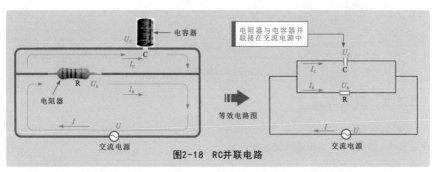

图2-18 RC并联电路

图2-19为RC滤波电路。

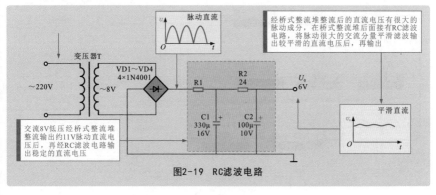

图2-19 RC滤波电路

3 **LC并联**

LC并联谐振电路是指将电感器和电容器并联后形成的,且为谐振状态(关系曲线具有相同的谐振点)的电路。图2-20为LC并联电路。

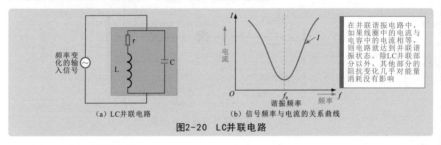

(a) LC并联电路　　　(b) 信号频率与电流的关系曲线

图2-20　LC并联电路

图2-21为LC滤波电路。

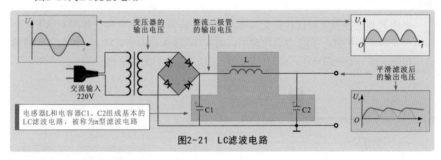

图2-21　LC滤波电路

2.2.3 | 混联方式

将负载串联后再并联起来称为混联方式。图2-22为典型的电路混联关系。电流、电压及电阻之间的关系仍按欧姆定律计算。

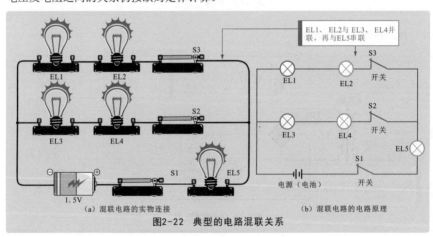

(a) 混联电路的实物连接　　　(b) 混联电路的电路原理

图2-22　典型的电路混联关系

3

本章系统介绍电路控制关系与识图
方法。

● 开关的电路控制功能
◇ 电源开关
◇ 按钮开关
● 继电器的电路控制功能
◇ 继电器常开触点
◇ 继电器常闭触点
◇ 继电器转换触点
● 接触器的电路控制功能
◇ 直流接触器
◇ 交流接触器
● 传感器的电路控制功能
◇ 温度传感器
◇ 湿度传感器
◇ 光电传感器
● 保护器的电路控制功能
◇ 熔断器
◇ 漏电保护器
◇ 过热保护器
● 电工电路的基本控制关系
◇ 点动控制
◇ 自锁控制
◇ 互锁控制
● 电工电路的基本识图方法
◇ 识图要领
◇ 识图步骤

3.1 开关的电路控制功能

3.1.1 电源开关

电源开关在电工电路中主要用于接通用电设备的供电电源，实现电路的闭合与断开。图3-1为电源开关（三相断路器）的连接关系。

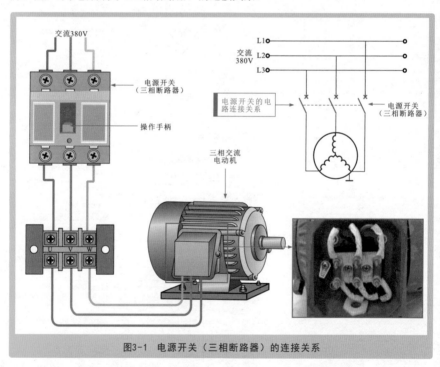

图3-1 电源开关（三相断路器）的连接关系

在电工电路中，电源开关有两种状态，即不动作（断开）时和动作（闭合）时。当电源开关不动作时，内部触点处于断开状态，三相交流电动机不能启动。

在拨动电源开关后，内部触点处于闭合状态，三相交流电动机得电后启动运转。

第1章

第2章

第3章

第4章

第5章

第6章

第7章

第8章

第9章

第10章

第11章

第12章

第13章

第14章

图3-2为电源开关在电工电路中的控制关系。

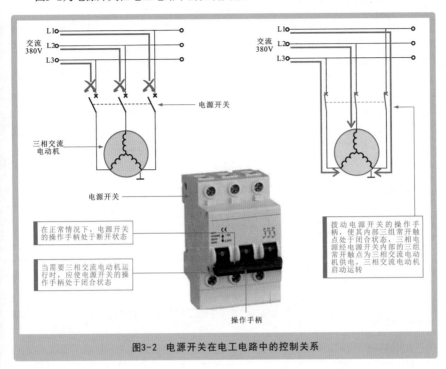

图3-2　电源开关在电工电路中的控制关系

电路中，电源开关未动作时，内部三组常开触点处于断开状态，切断三相交流电动机的三相供电电源，三相交流电动机不能启动运转。

拨动电源开关的操作手柄，内部三组常开触点处于闭合状态，三相电源经电源开关内部的三组常开触点为三相交流电动机供电，三相交流电动机启动运转。

3.1.2 | 按钮开关

按钮开关在电工电路中主要用于发出远距离控制信号或指令去控制继电器、接触器或其他负载设备，实现控制电路的接通与断开，实现对负载设备的控制。

按钮开关根据内部结构的不同可分为不闭锁按钮开关和可闭锁按钮开关。

不闭锁按钮开关是指按下按钮开关时内部触点动作，松开按钮时内部触点自动复位；可闭锁按钮开关是指按下按钮开关时内部触点动作，松开按钮时内部触点不能自动复位，需要再次按下按钮开关，内部触点才可复位。

按钮开关是电路中的关键控制部件，无论是不闭锁按钮开关还是闭锁按钮开关，根据电路需要都可以分为常开、常闭和复合三种形式。下面以不闭锁按钮开关为例介绍三种形式的控制功能。

1 不闭锁常开按钮开关

不闭锁常开按钮开关是指在操作前内部触点处于断开状态，手指按下时，内部触点处于闭合状态，手指放松后，按钮开关自动复位断开。该按钮开关在电工电路中常用作启动控制开关。图3-3为不闭锁常开按钮开关在电工电路中的连接关系。

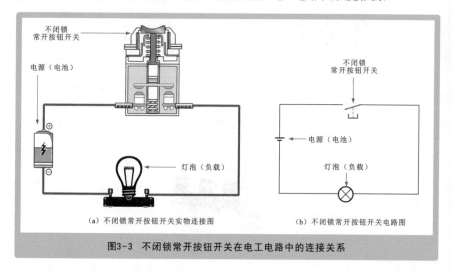

（a）不闭锁常开按钮开关实物连接图　　　（b）不闭锁常开按钮开关电路图

图3-3　不闭锁常开按钮开关在电工电路中的连接关系

由图3-3（a）可以看出，该不闭锁常开按钮开关连接在电池与灯泡（负载）之间控制灯泡的点亮与熄灭，未操作时，灯泡处于熄灭状态。具体控制关系如图3-4所示。

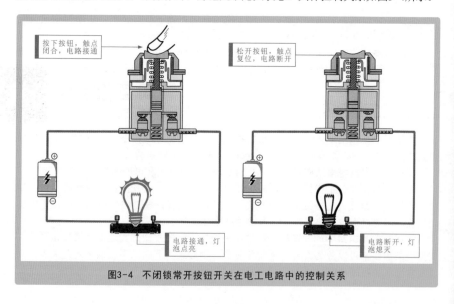

图3-4　不闭锁常开按钮开关在电工电路中的控制关系

2 不闭锁常闭按钮开关

　　不闭锁常闭按钮开关是指在操作前内部触点处于闭合状态，手指按下时，内部触点处于断开状态，手指放松后，按钮开关自动复位闭合。该按钮开关在电工电路中常用作停止控制开关。图3-5为不闭锁常闭按钮开关在电工电路中的连接关系。

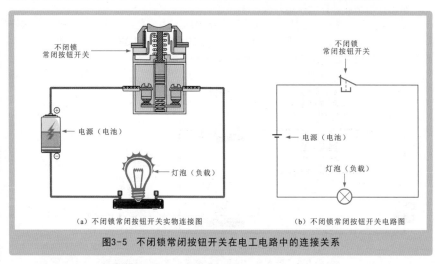

（a）不闭锁常闭按钮开关实物连接图　　　　（b）不闭锁常闭按钮开关电路图

图3-5　不闭锁常闭按钮开关在电工电路中的连接关系

　　不闭锁常闭按钮开关在电工电路中的控制关系如图3-6所示。按下按钮后，内部常闭触点断开，切断灯泡供电电源，灯泡熄灭。

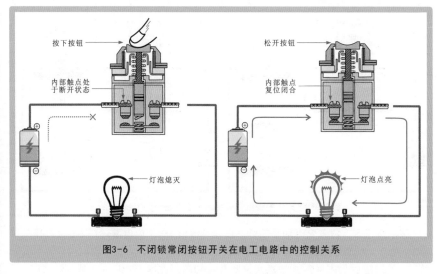

图3-6　不闭锁常闭按钮开关在电工电路中的控制关系

　　松开按钮后，内部常闭触点复位闭合，接通灯泡供电电源，灯泡点亮。

3 不闭锁复合按钮开关

不闭锁复合按钮开关是指内部设有两组触点，分别为常开触点和常闭触点。操作前，常闭触点闭合，常开触点断开。当手指按下按钮开关时，常闭触点断开，常开触点闭合；手指放松后，常闭触点复位闭合，常开触点复位断开。该按钮开关在电工电路中常用作启动联锁控制按钮开关。

图3-7为不闭锁复合按钮开关在电工电路中的连接关系。不闭锁复合按钮开关连接在电池与灯泡（负载）之间，分别控制灯泡EL1和灯泡EL2的点亮与熄灭。未按下按钮时，灯泡EL2处于点亮状态，灯泡EL1处于熄灭状态。

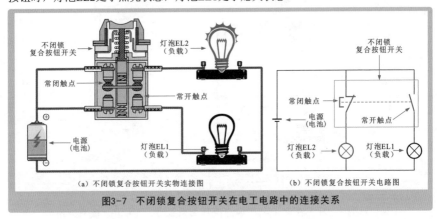

（a）不闭锁复合按钮开关实物连接图   （b）不闭锁复合按钮开关电路图

图3-7 不闭锁复合按钮开关在电工电路中的连接关系

不闭锁复合按钮开关在电工电路中的控制关系如图3-8所示。

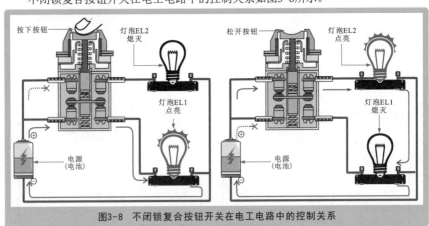

图3-8 不闭锁复合按钮开关在电工电路中的控制关系

按下按钮后，内部常开触点闭合，接通灯泡EL1的供电电源，灯泡EL1点亮；常闭触点断开，切断灯泡EL2的供电电源，灯泡EL2熄灭。

松开按钮后，内部常开触点复位断开，切断灯泡EL1的供电电源，灯泡EL1熄灭；常闭触点复位闭合，接通灯泡EL2的供电电源，灯泡EL2点亮。

3.2 继电器的电路控制功能

3.2.1 继电器常开触点

继电器是电工电路中常用的一种电气部件，主要是由铁芯、线圈、衔铁、触点等组成的。图3-9为典型继电器的内部结构。

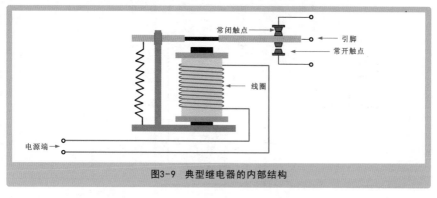

图3-9 典型继电器的内部结构

继电器常开触点的含义是继电器内部的动触点和静触点通常处于断开状态，当线圈得电时，动触点和静触点立即闭合，接通电路；当线圈失电时，动触点和静触点立即复位，切断电路。图3-10为继电器常开触点的连接关系。

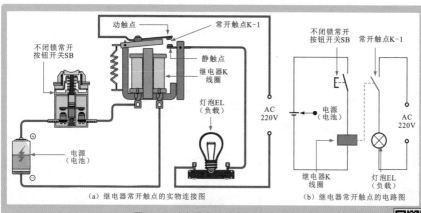

（a）继电器常开触点的实物连接图　（b）继电器常开触点的电路图

图3-10 继电器常开触点的连接关系

微视频并解4 "继电器
常开触点控制关系"

图3-10中，继电器K线圈连接在不闭锁常开按钮开关与电池之间，常开触点K-1连接在电池与灯泡EL（负载）之间，用于控制灯泡的点亮与熄灭，在未接通电路时，灯泡EL处于熄灭状态。

图3-11为继电器常开触点在电工电路中的控制关系。

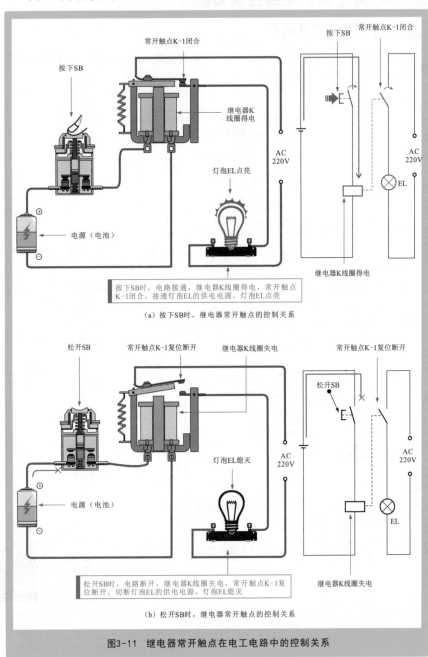

（a）按下SB时，继电器常开触点的控制关系

（b）松开SB时，继电器常开触点的控制关系

图3-11　继电器常开触点在电工电路中的控制关系

3.2.2 继电器常闭触点

　　继电器常闭触点是指继电器线圈断电时内部的动触点和静触点处于闭合状态。当线圈得电时，动触点和静触点立即断开切断电路；当线圈失电时，动触点和静触点立即复位闭合接通电路。

　　图3-12为继电器常闭触点在电工电路中的控制关系。

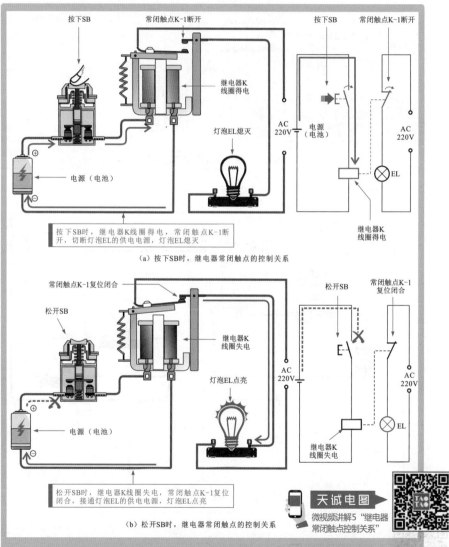

按下SB　　常闭触点K-1断开

继电器K
线圈得电

灯泡EL熄灭

AC
220V

电源
（电池）

按下SB　　常闭触点K-1断开

AC
220V

EL

继电器K
线圈得电

按下SB时，继电器K线圈得电，常闭触点K-1断开，切断灯泡EL的供电电源，灯泡EL熄灭

（a）按下SB时，继电器常闭触点的控制关系

常闭触点K-1复位闭合

松开SB

继电器K
线圈失电

灯泡EL点亮

AC
220V

松开SB　　常闭触点K-1
复位闭合

AC
220V

EL

继电器K
线圈失电

松开SB时，继电器K线圈失电，常闭触点K-1复位闭合，接通灯泡EL的供电电源，灯泡EL点亮

（b）松开SB时，继电器常闭触点的控制关系

天诚电图

微视频讲解5"继电器常闭触点控制关系"

图3-12　继电器常闭触点在电工电路中的控制关系

第1章
第2章
第3章
第4章
第5章
第6章
第7章
第8章
第9章
第10章
第11章
第12章
第13章
第14章

3.2.3 | 继电器转换触点

继电器转换触点是指继电器内部设有一个动触点和两个静触点。其中，动触点与静触点1处于闭合状态，称为常闭触点；动触点与静触点2处于断开状态，称为常开触点。图3-13为继电器转换触点的结构。

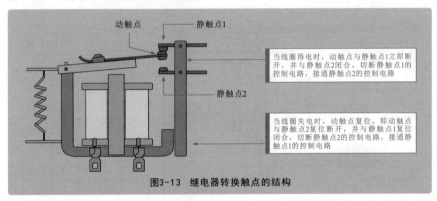

图3-13 继电器转换触点的结构

图3-14为继电器转换触点的连接关系。

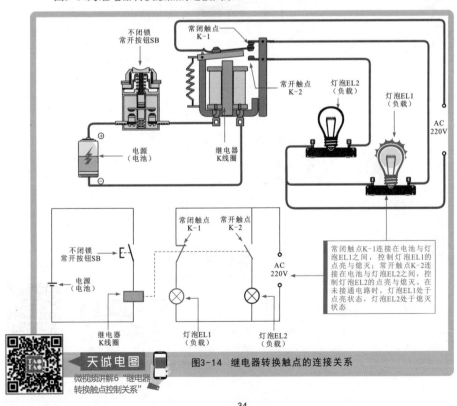

图3-14 继电器转换触点的连接关系

天诚电图
微视频讲解6"继电器转换触点控制关系"

图3-15为继电器转换触点在不同状态下的控制关系。

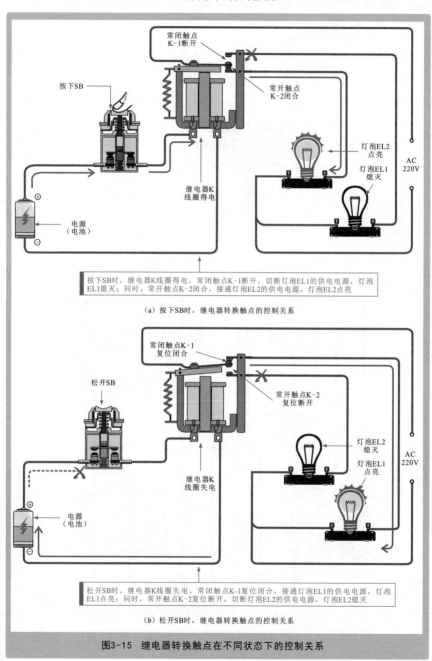

（a）按下SB时，继电器转换触点的控制关系

按下SB时，继电器K线圈得电，常闭触点K-1断开，切断灯泡EL1的供电电源，灯泡EL1熄灭；同时，常开触点K-2闭合，接通灯泡EL2的供电电源，灯泡EL2点亮

（b）松开SB时，继电器转换触点的控制关系

松开SB时，继电器K线圈失电，常闭触点K-1复位闭合，接通灯泡EL1的供电电源，灯泡EL1点亮；同时，常开触点K-2复位断开，切断灯泡EL2的供电电源，灯泡EL2熄灭

图3-15 继电器转换触点在不同状态下的控制关系

3.3 接触器的电路控制功能

3.3.1 直流接触器

直流接触器主要用于远距离接通与分断直流电路。在控制电路中，直流接触器由直流电源为线圈提供工作条件，从而控制触点动作。其电路控制关系如图3-16所示。

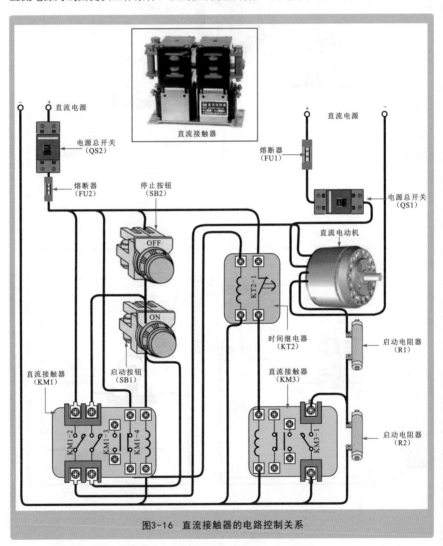

图3-16 直流接触器的电路控制关系

直流接触器是由直流电源驱动的，通过线圈得电控制常开触点闭合、常闭触点断开；当线圈失电时，控制常开触点复位断开、常闭触点复位闭合。

3.3.2 | 交流接触器

交流接触器是主要用于远距离接通与分断交流供电电路的器件。图3-17为交流接触器的内部结构。交流接触器的内部主要由常闭触点、常开触点、动触点、线圈及动铁芯、静铁芯、弹簧等部分构成。

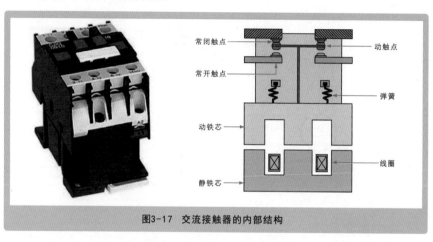

图3-17 交流接触器的内部结构

图3-18为交流接触器在电路中的连接关系。

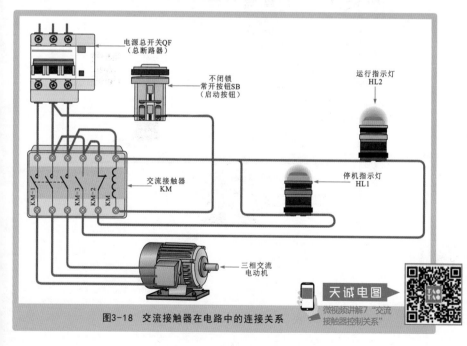

图3-18 交流接触器在电路中的连接关系

图3-19为交流接触器的电路控制关系。

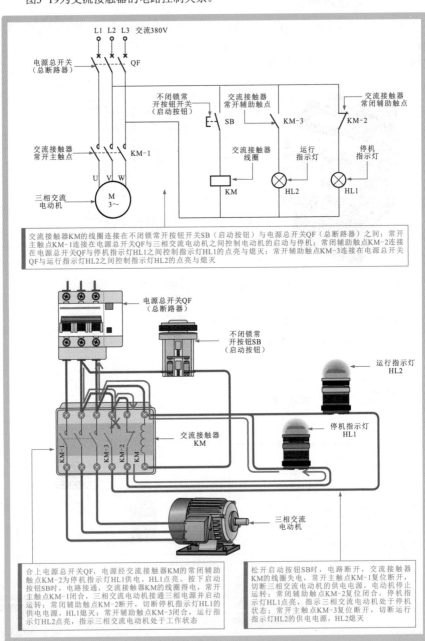

图3-19 交流接触器的电路控制关系

3.4 传感器的电路控制功能

3.4.1 温度传感器

温度传感器是将物理量（温度信号）变成电信号的器件，是利用电阻值随温度变化而变化这一特性来测量温度变化的，主要用于各种需要对温度进行测量、监视、控制及补偿的场合，如图3-20所示。

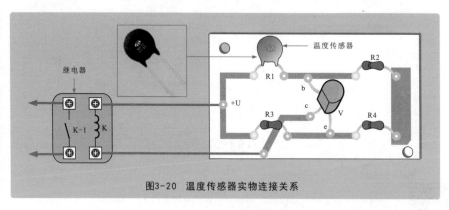

图3-20　温度传感器实物连接关系

图3-21为温度传感器在不同温度环境下的控制关系。

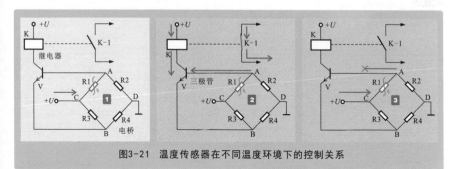

图3-21　温度传感器在不同温度环境下的控制关系

补充说明

在正常环境温度下时，电桥的电阻值R1/R2=R3/R4，电桥平衡，此时A、B两点间电位相等，输出端A与B之间没有电流流过，三极管V基极b与发射极e之间的电位差为0，三极管V截止，继电器K线圈不能得电。

当环境温度逐渐上升时，温度传感器R1的阻值不断减小，电桥失去平衡，此时A点电位逐渐升高，三极管V基极b的电压逐渐增大，当基极b电压高于发射极e电压时，V导通，继电器K线圈得电，常开触点K-1闭合，接通负载设备的供电电源，负载设备可启动。

当环境温度逐渐下降时，温度传感器R1的阻值不断增大，此时A点电位逐渐降低，三极管V基极b的电压逐渐减小，当基极b电压低于发射极e电压时，V截止，继电器K线圈失电，对应的常开触点K-1复位断开，切断负载设备的供电电源，负载设备停止工作。

3.4.2 | 湿度传感器

　　湿度传感器是一种将湿度信号转换为电信号的器件，主要用于工业生产、天气预报、食品加工等行业中对各种湿度进行控制、测量和监视。图3-22为湿度传感器的电路连接关系。

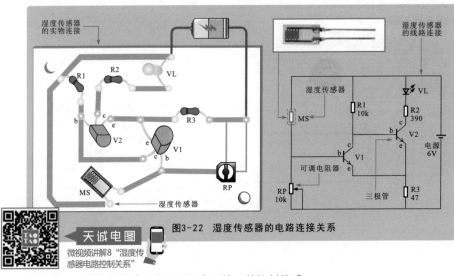

图3-22　湿度传感器的电路连接关系

天诚电图

微视频讲解8"湿度传感器电路控制关系"

　　图3-23为湿度传感器在不同湿度环境下的控制关系。

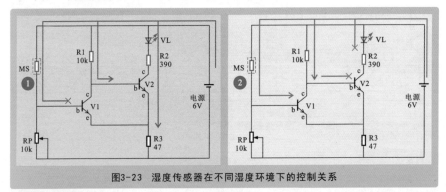

图3-23　湿度传感器在不同湿度环境下的控制关系

💡 补充说明

　　❶ 当环境湿度较小时，湿度传感器MS的阻值较大，三极管V1的基极b为低电平，使基极b电压低于发射极e电压，三极管V1截止。此时，三极管V2的基极b电压升高，基极b电压高于发射极e电压，三极管V2导通，发光二极管VL点亮。
　　❷ 当环境湿度增加时，湿度传感器MS的阻值逐渐变小，三极管V1的基极b电压逐渐升高，使基极b电压高于发射极e电压，三极管V1导通。此时，三极管V2的基极b电压降低，三极管V2截止，发光二极管VL熄灭。

3.4.3 | 光电传感器

　　光电传感器是一种能够将可见光信号转换为电信号的器件，也称光电器件，主要用于光控开关、光控照明、光控报警等领域中对各种可见光进行控制。图3-24为光电传感器的实物外形及在电路中的连接关系。

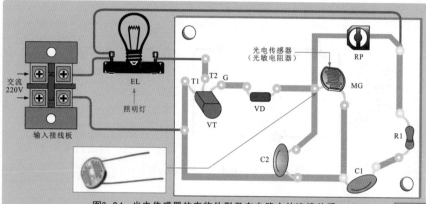

图3-24　光电传感器的实物外形及在电路中的连接关系

天诚电图
微视频讲解9 "光电传感器电路控制关系"

　　图3-25为光电传感器在不同光线环境下的控制关系。

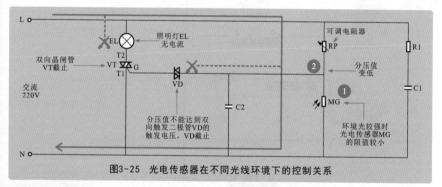

图3-25　光电传感器在不同光线环境下的控制关系

补充说明

　　① 当环境光较强时，光电传感器MG的阻值较小，可调电阻器RP与光电传感器MG处的分压值变低，不能达到双向触发二极管VD的触发电压，双向触发二极管VD截止，进而不能触发双向晶闸管，VT处于截止状态，照明灯EL不亮。

　　② 当环境光较弱时，光电传感器MG的阻值变大，可调电阻器RP与光电传感器MG处的分压值变高，随着光照强度的逐渐减弱，光电传感器MG的阻值逐渐变大，当可调电阻器RP与光电传感器MG处的分压值达到双向触发二极管VD的触发电压时，双向二极管VD导通，进而触发双向晶闸管VT也导通，照明灯EL点亮。

3.5 保护器的电路控制功能

3.5.1 熔断器

　　熔断器是一种保护电路的器件，只允许安全限制内的电流通过，当电路中的电流超过熔断器的额定电流时，熔断器会自动切断电路，对电路中的负载设备进行保护。图3-26为熔断器在电工电路中的连接关系。

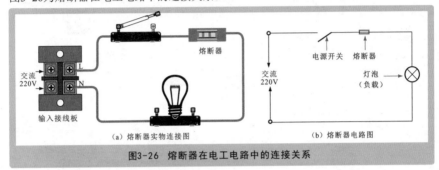

（a）熔断器实物连接图　　　　（b）熔断器电路图

图3-26　熔断器在电工电路中的连接关系

　　图3-27为熔断器在电工电路中的控制关系。

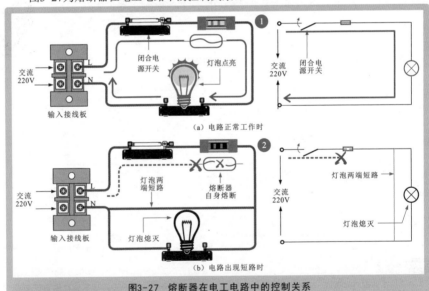

（a）电路正常工作时

（b）电路出现短路时

图3-27　熔断器在电工电路中的控制关系

补充说明

　　❶闭合电源开关，接通灯泡电源，正常情况下，灯泡点亮，电路可以正常工作。

　　❷当灯泡之间由于某种原因而被导体连在一起时，电源被短路，电流由短路的路径通过，不再流过灯泡，此时回路中仅有很小的电源内阻，使电路中的电流很大，流过熔断器的电流也很大，熔断器会熔断，切断电路，进行保护。

3.5.2 | 漏电保护器

　　漏电保护器是一种具有漏电、触电、过载、短路保护功能的保护器件，对于防止触电伤亡事故及避免因漏电电流而引起的火灾事故具有明显的效果。图3-28为漏电保护器在电路中的连接关系。

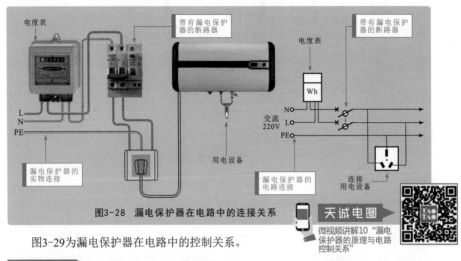

图3-28　漏电保护器在电路中的连接关系

微视频讲解10 "漏电保护器的原理与电路控制关系"

　　图3-29为漏电保护器在电路中的控制关系。

补充说明

　　单相交流电经过电度表及漏电保护器后为用电设备供电，正常时，相线端L的电流与零线端N的电流相等，回路中剩余电流几乎为0。

　　当发生漏电或触电情况时，相线端L的一部分电流流过触电人身体到地，相线端L的电流大于零线端N的电流，回路中产生剩余的电流量，剩余的电流量驱动保护器，切断电路，进行保护。

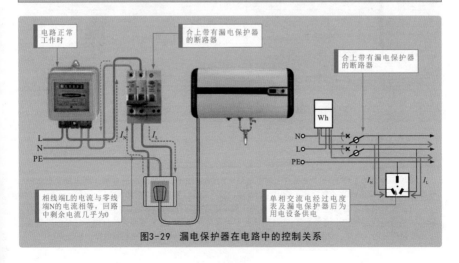

图3-29　漏电保护器在电路中的控制关系

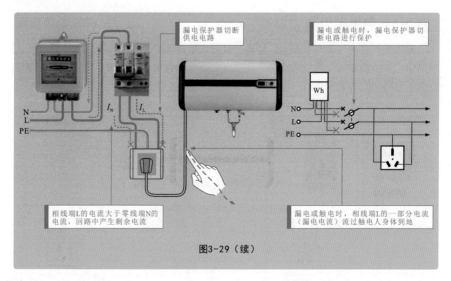

图3-29（续）

　　漏电保护器接入线路中时，电路中的电源线穿过漏电保护器内的检测元件（环形铁芯，也称零序电流互感器），环形铁芯的输出端与漏电脱扣器相连。图3-30为漏电保护器漏电检测原理。

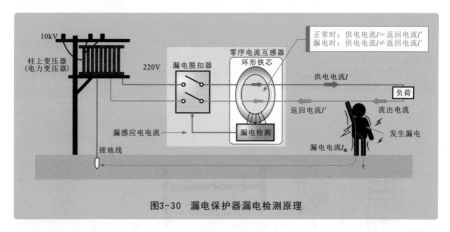

图3-30　漏电保护器漏电检测原理

🔆 补充说明

　　在被保护电路工作正常，没有发生漏电或触电的情况下，通过零序电流互感器的电流向量和等于0，漏电检测环形铁芯的输出端无输出，漏电保护器不动作，系统保持正常供电。
　　当被保护电路发生漏电或有人触电时，由于漏电电流的存在，供电电流大于返回电流，通过环形铁芯的两路电流向量和不再等于0，在环形铁芯中出现交变磁通。在交变磁通的作用下，环形铁芯输出端就有感应电流产生，达到额定值时，脱扣器驱动断路器自动跳闸，切断故障电路，实现保护。

3.5.3 | 过热保护器

过热保护器也称热继电器，是利用电流的热效应来推动动作机构使内部触点闭合或断开的，用于电动机的过载保护、断相保护、电流不平衡保护和热保护。过热保护器的实物外形和内部结构如图3-31所示。

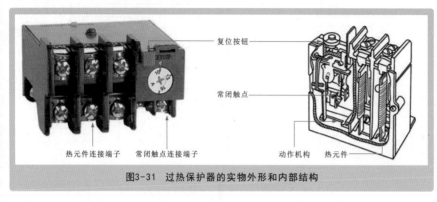

复位按钮

常闭触点

热元件连接端子　常闭触点连接端子

动作机构　热元件

图3-31　过热保护器的实物外形和内部结构

过热保护器安装在主电路中，用于主电路的过载、断相、电流不平衡和三相交流电动机的热保护。图3-32为过热保护器的连接关系。

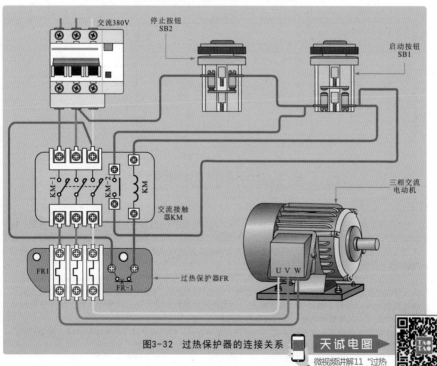

交流380V

停止按钮
SB2

启动按钮
SB1

KM-1　KM-2　KM

交流接触器KM

三相交流电动机

FR1

U V W

过热保护器FR
FR-1

图3-32　过热保护器的连接关系

天诚电图

微视频讲解11 "过热保护器电路控制关系"

图3-33为过热保护器在电路中的控制应用。

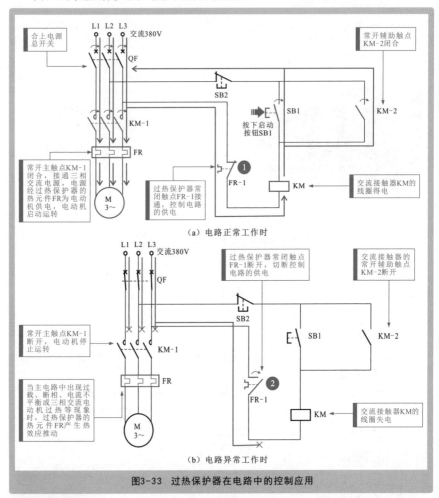

（a）电路正常工作时

（b）电路异常工作时

图3-33　过热保护器在电路中的控制应用

补充说明

❶ 在正常情况下，合上电源总开关QF，按下启动按钮SB1，过热保护器的常闭触点FR-1接通，控制电路的供电，KM线圈得电，常开主触点KM-1闭合，接通三相交流电源，电源经过热保护器的热元件FR为三相交流电动机供电，电动机启动运转；常开辅助触点KM-2闭合，实现自锁功能，即使松开启动按钮SB1，三相交流电动机仍能保持运转状态。

❷ 当主电路中出现过载、断相、电流不平衡或三相交流电动机过热等现象时，由过热保护器的热元件FR产生的热效应来推动动作机构，使常闭触点FR-1断开，切断控制电路供电电源，交流接触器KM的线圈失电，常开主触点KM-1复位断开，切断电动机供电电源，电动机停止运转，常开辅助触点KM-2复位断开，解除自锁功能，实现对电路的保护。

待主电路中的电流正常或三相交流电动机逐渐冷却时，过热保护器FR的常闭触点FR-1复位闭合，再次接通电路，此时只需重新启动电路，三相交流电动机便可启动运转。

3.6 电工电路的基本控制关系

3.6.1 点动控制

在电气控制线路中，点动控制是指通过点动按钮实现受控设备的启、停控制，即按下点动按钮，受控设备得电启动；松开启动按钮，受控设备失电停止。

图3-34为典型点动控制电路，该电路由点动按钮SB1实现电动机的点动控制。

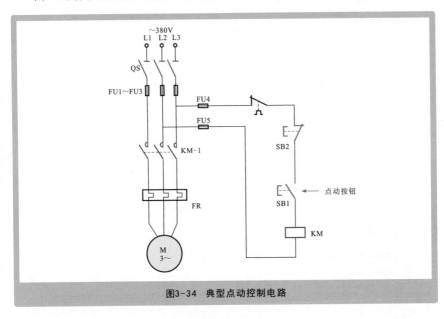

图3-34 典型点动控制电路

合上电源总开关QS为电路工作做好准备。

按下点动按钮SB1，交流接触器KM的线圈得电，常开主触点KM-1闭合，电动机启动运转。

松开点动按钮SB1，交流接触器KM的线圈失电，常开主触点KM-1复位断开，电动机停止运转。

3.6.2 自锁控制

在电动机控制电路中，按下启动按钮，电动机在交流接触器控制下得电工作；当松开启动按钮，电动机仍可以保持连续运行的状态。这种控制方式被称为自锁控制。

自锁控制方式常将启动按钮与交流接触器常开辅助触点并联，如图3-35所示。这样，在交流接触器的线圈得电后，通过自身的常开辅助触点保持回路一直处于接通状态（即状态保持）。这样，即使松开启动控制按钮，交流接触器也不会失电断开，电动机仍可保持运行状态。

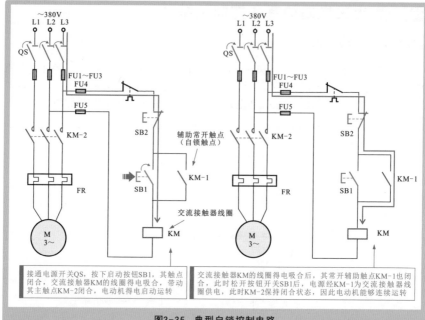

图3-35 典型自锁控制电路

自锁控制电路还具有欠电压和失压（零压）保护功能。
● 欠电压保护功能
当电气控制线路中的电源电压由于某种原因下降时，电动机的转矩将明显降低，此时也会影响电动机的正常运行，严重还会导致电动机出现堵转情况，进而损坏电动机。在采用自锁控制的电路中，当电源电压低于交流接触器线圈额定电压的85%时，交流接触器的电磁系统所产生的电磁力无法克服弹簧的反作用力，衔铁释放，主触点将断开复位，自动切断主电路，实现欠电压保护。
值得注意的是，电动机控制线路多为三相供电，交流接触器连接在其中一相中，只有其所连接相出现欠电压情况，才可实现保护功能。若电源欠电压出现在未接交流接触器的相线中，则无法实现欠电压保护。
● 失压（零压）保护功能
采用自锁控制后，当外界原因突然断电又重新供电时，由于自锁触头因断电而断开，控制电路不会自行接通，可避免事故的发生，起到失压（零压）保护作用。

3.6.3 | 互锁控制

互锁控制是为保证电气安全运行而设置的控制电路，也称为联锁控制。在电气控制线路中，常见的互锁控制主要有按钮互锁和接触器（继电器）互锁两种形式。

1 按钮互锁控制

按钮互锁控制是指由按钮实现互锁控制，即当一个按钮按下接通一个线路的同时，必须断开另外一个线路。

图3-36为由复合按钮开关实现的按钮互锁控制电路。

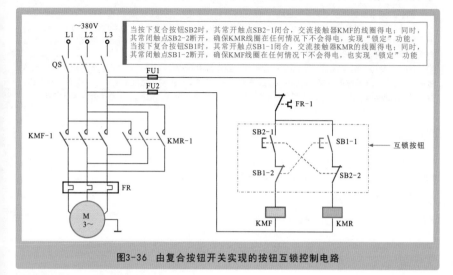

当按下复合按钮SB2时，其常开触点SB2-1闭合，交流接触器KMF的线圈得电；同时，其常闭触点SB2-2断开，确保KMR线圈在任何情况下不会得电，实现"锁定"功能。
当按下复合按钮SB1时，其常开触点SB1-1闭合，交流接触器KMR的线圈得电；同时，其常闭触点SB1-2断开，确保KMF线圈在任何情况下不会得电，也实现"锁定"功能

图3-36 由复合按钮开关实现的按钮互锁控制电路

2 接触器（继电器）互锁控制

接触器（继电器）互锁控制是指两个接触器（继电器）通过自身的常闭辅助触点相互制约对方的线圈不能同时得电动作。图3-37为典型接触器（继电器）互锁控制电路。接触器（继电器）互锁控制通常由其常闭辅助触点实现。

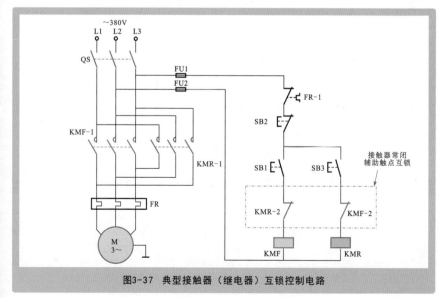

图3-37 典型接触器（继电器）互锁控制电路

📎 补充说明

图3-37所示电路中，交流接触器KMF的常闭辅助触点串接在交流接触器KMR线路中。当电路接通电源，按下启动按钮SB1时，交流接触器KMF线圈得电，其主触点KMF-1得电，电动机启动正向运转；同时，KMF的常闭辅助触点KMF-2断开，确保交流接触器KMR的线圈不会得电。由此，可有效避免因误操作而使两个交流接触器同时得电，出现电源两相短路事故。

同样，交流接触器KMR的常闭辅助触点串接在交流接触器KMF线路中。当电路接通电源，按下启动按钮SB3时，交流接触器KMR的线圈得电，其主触点KMR-1得电，电动机启动反向运转；同时，KMR的常闭辅助触点KMR-2断开，确保交流接触器KMF的线圈不会得电。由此，实现交流接触器的互锁控制。

3 顺序控制

在电气控制线路中，顺序控制是指受控设备在电路的作用下按一定的先后顺序一个接一个地顺序启动，一个接一个地顺序停止或全部同时停止。

图3-38为电动机的顺序启动和反顺序停机控制电路。

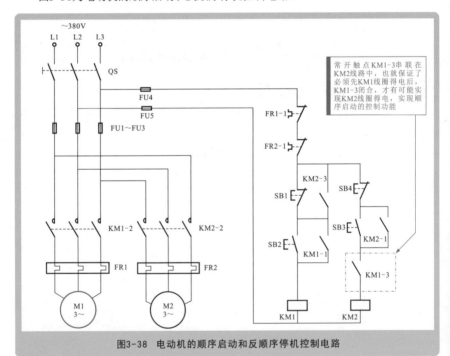

图3-38　电动机的顺序启动和反顺序停机控制电路

📎 补充说明

顺序控制电路的特点：若电路需要实现A接触器工作后才允许B接触器工作，则在B接触器线圈电路中串入A接触器的动合触点。

若电路需要实现B接触器线圈断电后方可允许A接触器线圈断电，则应将B接触器的动合触点并联在A接触器的停止按钮两端。

3.7 电工电路的基本识图方法

学习电工电路的识图是进入电工领域最基础的技能。识图前，首先需要了解电工电路识图的一些基本要求和原则，并在此基础上掌握好识图的基本方法和步骤，才可有效提高识图的技能水平和准确性。

3.7.1 识图要领

学习识图，首先需要掌握一定的方式方法，学习和参照别人的一些经验，并在此基础上找到一些规律，是快速掌握识图技能的一条捷径。下面介绍几种基本的快速识读电气电路图的方法和技巧。

1 结合电气文字符号、电路图形符号识图

电工电路主要是利用各种电路图形符号来表示结构和工作原理的。因此，结合电路图形符号识图可快速了解和确定电工电路的结构和功能。

图3-39为某车间的供配电线路图。

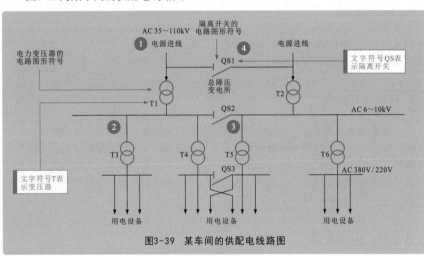

图3-39 某车间的供配电线路图

图3-39中看起来除了线、圆圈外只有简单的文字标识，而当了解了"$\ominus$"表示变压器、"$\overline{\quad/\quad}$"表示隔离开关时，则识图就容易多了。

> **补充说明**
>
> 结合电路图形符号和文字标识可知：
>
> ❶ 电源进线为交流35～110kV，经总降压变电所输出6～10kV交流高压。
>
> ❷ 6～10kV交流高压再由车间变电所降压为交流380V/220V后为各用电设备供电。
>
> ❸ 隔离开关QS1、QS2、QS3分别起到接通电路的作用。
>
> ❹ 若电源进线中左侧电源故障，则QS1闭合后，可由右侧的电源进线为后级的电力变压器T1等线路供电，保证线路安全运行。

2 结合电工电子技术的基础知识识图

在电工领域中，如输变配电、照明、电子电路、仪器仪表和家电产品等电路都是建立在电工电子技术基础之上的，所以要想看懂电路图，必须具备一定的电工电子技术方面的基础知识。

3 注意总结和掌握各种电工电路的原理，并在此基础上灵活扩展

电工电路是电气图中最基本也是最常见的电路，既可以单独应用，也可以应用在其他电路中作为关键点扩展后使用。许多电气图都是由很多基础电路组成的。

电动机的启动/制动、正/反转、过载保护电路等，供配电系统电气主接线常用的单母线主接线等均为基础电路。识图过程中，应抓准基础电路，注意总结并完全掌握基础电路的原理。

4 结合电气或电子元器件的结构和工作原理识图

各种电工电路图都是由各种电气元器件或电子元器件和配线等组成的，只有了解各种元器件的结构、工作原理、性能及相互之间的控制关系，电工技术人员才能尽快读懂电路图。

5 对照学习识图

初学者很难直接识读一张没有任何文字解说的电路图，因此可以先参照一些技术资料、报纸或杂志等找到一些与所要识读的电路图相近或相似的图纸，根据这些带有详细解说的图纸，理解电路的含义和原理，找到不同点和相同点，把相同点弄清楚，再有针对性地突破不同点，或再参照其他与该不同点相似的图纸，把所有的问题一一解决之后，便可完成电路图的识读。

3.7.2 识图步骤

简单来说，识图可分为七个步骤，即区分电路类型；明确用途；建立对应关系；划分电路；寻找工作条件；寻找控制部件；确立控制关系；厘清信号流程，最终掌握控制机理和电路功能。

1 区分电路类型

电工电路的类型有很多种，根据所表达内容、包含信息和组成元素的不同，一般可分为电工接线图和电工原理图。不同类型电路图的识读原则和重点不相同，识图时，首先要区分该图属于哪种电路。

图3-40为简单的电工接线图。图3-40用文字符号和电路图形符号标识出了所使用的基本物理部件,用连接线和连接端子标识出了物理部件之间的实际连接关系和接线位置,属于接线图。

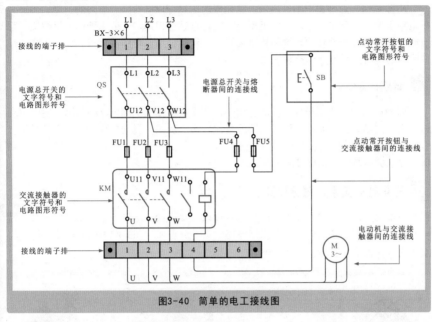

图3-40 简单的电工接线图

接线图的特点是体现各组成物理部件的实际位置关系,并通过导线连接体现安装和接线关系,可用于安装接线、线路检查、线路维修和故障处理等场合。

图3-41为简单的电工原理图。

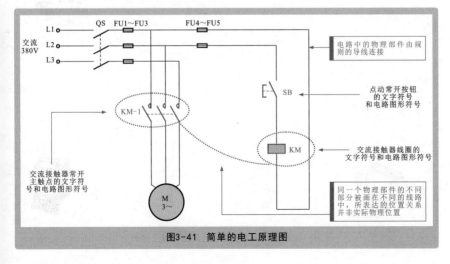

图3-41 简单的电工原理图

图3-41也用文字符号和电路图形符号标识出了所使用的基本物理部件，并用规则的导线连接，除了标准的符号标识和连接线外，没有画出其他不必要的部件，属于电工原理图。其特点是完整体现了电路特性和电气作用原理。

由此可知，通过识别图纸所示电路元素的信息可以准确区分电路的类型。当区分出电路类型后，便可根据所对应类型电路的特点进行识读，一般识读电工接线图的重点应放在各种物理部件的位置和接线关系上；识读电工原理图的重点应放在各物理部件之间的电气关系上，如控制关系等。

2 明确用途

明确电路的用途是指导识图的总纲领，即先从整体上把握电路的用途，明确电路最终实现的结果，以此作为指导识图的总体思路。例如，根据电路中的元素信息可以看到该图为一种电动机的点动控制电路，以此抓住其中的"点动""控制""电动机"等关键信息作为识图时的重要信息。

3 建立对应关系，划分电路

将电路中的文字符号和电路图形符号标识与实际物理部件一一建立对应关系，进一步明确电路所表达的含义，对识读电路关系十分重要。图3-42为电工电路中符号与实物的对应关系。

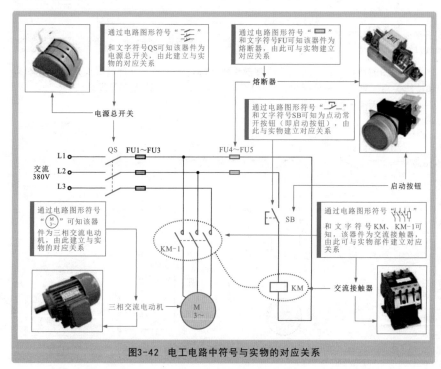

图3-42 电工电路中符号与实物的对应关系

第1章
第2章
第3章
第4章
第5章
第6章
第7章
第8章
第9章
第10章
第11章
第12章
第13章
第14章

◈ 补充说明

电源总开关：用字母QS标识，在电路中用于接通三相电源。
熔断器：用字母FU标识，在电路中用于过载、短路保护。
交流接触器：用字母KM标识，通过线圈的得电，触点动作，接通电动机的三相电源，启动电动机工作。
启动按钮（点动常开按钮）：用字母SB标识，用于电动机的启动控制。
三相交流电动机：简称电动机，用字母M标识，在电路中通过控制部件控制，接通电源启动运转，为不同的机械设备提供动力。

通常，当通过建立对应关系了解各符号所代表物理部件的含义后，还可以根据物理部件的自身特点和功能对电路进行模块划分，如图3-43所示，特别是对于一些较复杂的电工电路，通过对电路进行模块划分，可十分明确地了解电路的结构。

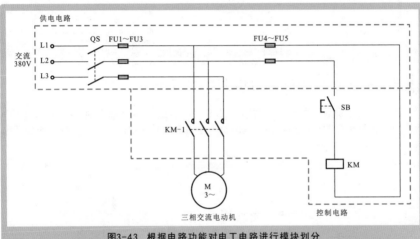

图3-43 根据电路功能对电工电路进行模块划分

4 寻找工作条件

当建立好电路中各种符号与实物的对应关系后，可通过所了解部件的功能寻找电路中的工作条件。工作条件具备时，电路中的物理部件才可进入工作状态。

5 寻找控制部件

控制部件通常也称操作部件。电工电路就是通过操作部件对电路进行控制的，是电路中的关键部件，也是控制电路中是否将工作条件接入电路中或控制电路中的被控部件是否执行所需要动作的核心部件。

6 确立控制关系

找到控制部件后，根据线路连接情况，确立控制部件与被控部件之间的控制关系，并将控制关系作为厘清信号流程的主线，如图3-44所示。

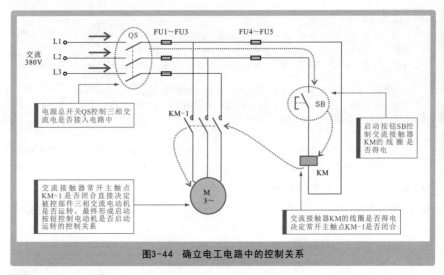

图3-44 确立电工电路中的控制关系

7 厘清信号流程，最终掌握控制机理和电路功能

确立控制关系后，可操作控制部件实现控制功能，同时弄清每操作一个控制部件后被控部件所执行的动作或结果，厘清整个电路的信号流程，最终掌握控制机理和电路功能，如图3-45所示。

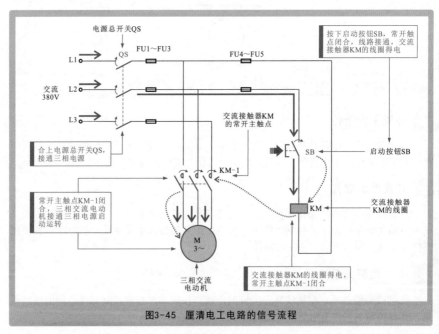

图3-45 厘清电工电路的信号流程

4

本章系统介绍线缆的加工、连接与布线。

- ● 线缆加工
- ◇ 塑料硬导线
- ◇ 塑料软导线
- ◇ 塑料护套线
- ● 线缆连接
- ◇ 缠绕连接
- ◇ 绞接
- ◇ 扭接
- ◇ 绕接
- ◇ 线夹连接
- ● 线缆连接头加工
- ◇ 塑料硬导线环形连接头加工
- ◇ 塑料软导线绞绕式连接头加工
- ◇ 塑料软导线缠绕式连接头加工
- ◇ 塑料软导线环形连接头加工
- ● 线缆布线
- ◇ 线缆明敷
- ◇ 线缆暗敷

第4章
线缆的加工、连接与布线

4.1 线缆加工

4.1.1 塑料硬导线

塑料硬导线通常使用钢丝钳、剥线钳、斜口钳及电工刀等操作工具进行剥线加工。

1 使用钢丝钳剥线加工塑料硬导线

图4-1为使用钢丝钳剥线加工塑料硬导线的方法。使用钢丝钳剥线加工塑料硬导线是在电工操作中常使用的一种简单快捷的操作方法。

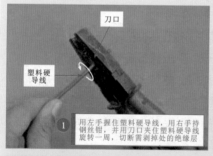
用左手握住塑料硬导线，用右手持钢丝钳，并用刀口夹住塑料硬导线旋转一周，切断需剥掉处的绝缘层。

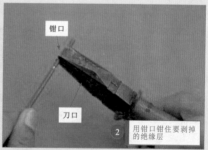
用钳口钳住要剥掉的绝缘层。

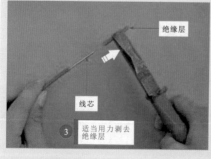
适当用力剥去绝缘层。

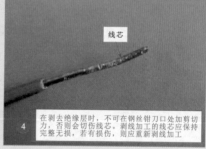
在剥去绝缘层时，不可在钢丝钳刀口处加剪切力，否则会切伤线芯。剥线加工的线芯应保持完整无损，若有损伤，则应重新剥线加工。

图4-1 使用钢丝钳剥线加工塑料硬导线的方法

2 使用剥线钳剥线加工塑料硬导线

图4-2为使用剥线钳剥线加工塑料硬导线的方法。一般适用于剥线加工横截面面积小于4mm²的塑料硬导线。

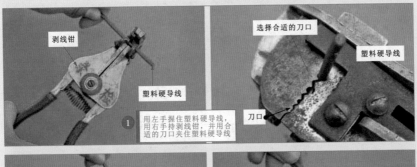

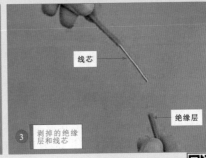

图4-2　使用剥线钳剥线加工塑料硬导线的方法

天诚电图
微视频讲解12 "剥线钳剥削塑料硬导线"

3 使用电工刀剥线加工塑料硬导线

图4-3为使用电工刀剥线加工塑料硬导线的方法。一般横截面面积大于4mm²的塑料硬导线可以使用电工刀剥线加工。

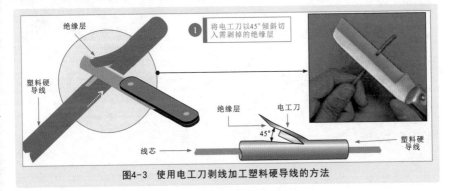

图4-3　使用电工刀剥线加工塑料硬导线的方法

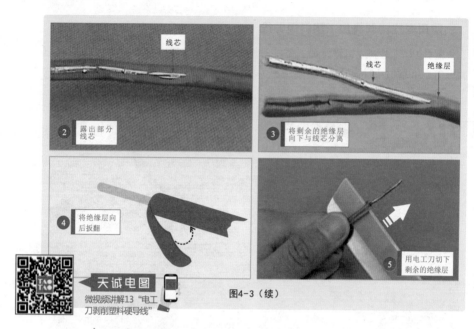

图4-3（续）

天诚电图
微视频讲解13"电工
刀剥削塑料硬导线"

4.1.2 塑料软导线

塑料软导线的线芯多是由多股铜（铝）丝组成的，不适宜用电工刀剥线加工，而在实际操作中，多使用剥线钳和斜口钳剥线加工。图4-4为使用剥线钳剥线加工塑料软导线的方法。

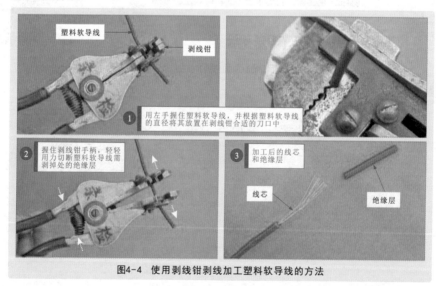

图4-4 使用剥线钳剥线加工塑料软导线的方法

第1章
第2章
第3章
第4章
第5章
第6章
第7章
第8章
第9章
第10章
第11章
第12章
第13章
第14章

补充说明

　　在使用剥线钳剥线加工塑料软导线时，切不可选择小于塑料软导线线芯直径的刀口，否则会导致多根线芯与绝缘层一同被剥掉，如图4-5所示。

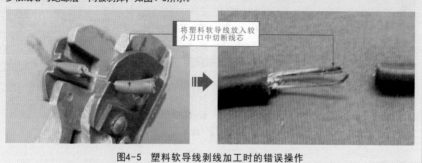

图4-5　塑料软导线剥线加工时的错误操作

4.1.3 | 塑料护套线

　　塑料护套线是将两根带有绝缘层的导线用护套层包裹在一起的线缆。在剥线加工时，要先剥掉护套层，再分别剥掉两根导线的绝缘层。图4-6为使用电工刀剥线加工塑料护套线的方法。

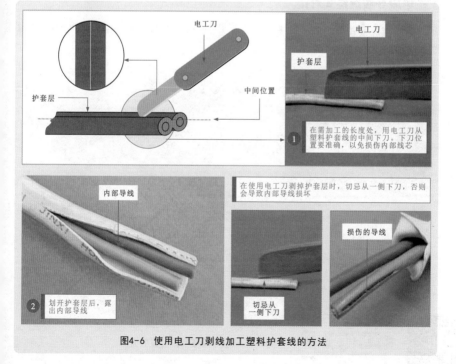

图4-6　使用电工刀剥线加工塑料护套线的方法

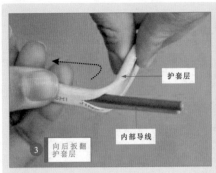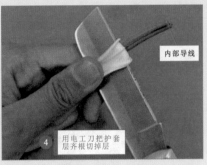

护套层

内部导线

内部导线

3 向后扳翻护套层

4 用电工刀把护套层齐根切掉层

图4-6（续）

4.2 线缆连接

4.2.1 缠绕连接

　　线缆的缠绕连接包括单股导线缠绕式对接、单股导线缠绕式T形连接、两根多股导线缠绕式对接、两根多股导线缠绕式T形连接。

1 单股导线缠绕式对接

　　当连接两根较粗的单股导线时，通常选择缠绕式对接方法。图4-7为单股导线缠绕式对接的方法。

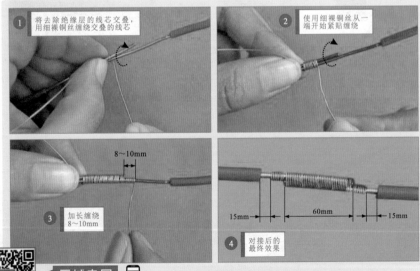

1 将去除绝缘层的线芯交叠，用细裸铜丝缠绕交叠的线芯

2 使用细裸铜丝从一端开始紧贴缠绕

3 加长缠绕 8～10mm

8～10mm

4 对接后的最终效果

15mm　60mm　15mm

图4-7 单股导线缠绕式对接的方法

天诚电图

微视频讲解14 "单股导线缠绕式对接"

2 单股导线缠绕式T形连接

当一根支路单股导线和一根主路单股导线连接时，通常采用缠绕式T形连接方法。图4-8为单股导线缠绕式T形连接的方法。

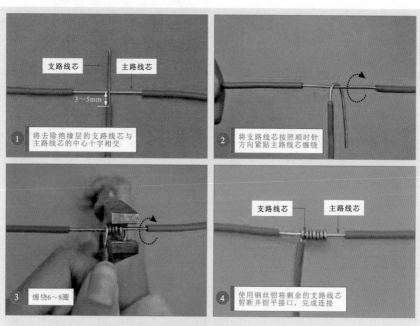

图4-8　单股导线缠绕式T形连接的方法

第1章
第2章
第3章
第4章
第5章
第6章
第7章
第8章
第9章
第10章
第11章
第12章
第13章
第14章

✎ 补充说明

对于横截面面积较小的单股塑料硬导线，可以将支路线芯在主路线芯上环绕扣结，并沿主路线芯顺时针贴绕，如图4-9所示。

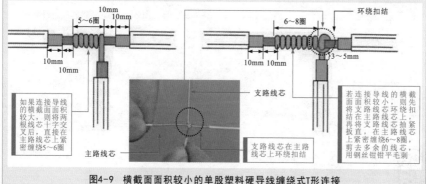

图4-9　横截面面积较小的单股塑料硬导线缠绕式T形连接

3 两根多股导线缠绕式对接

当连接两根多股导线时，可采用缠绕式对接的方法。图4-10为两根多股导线缠绕式对接的方法。

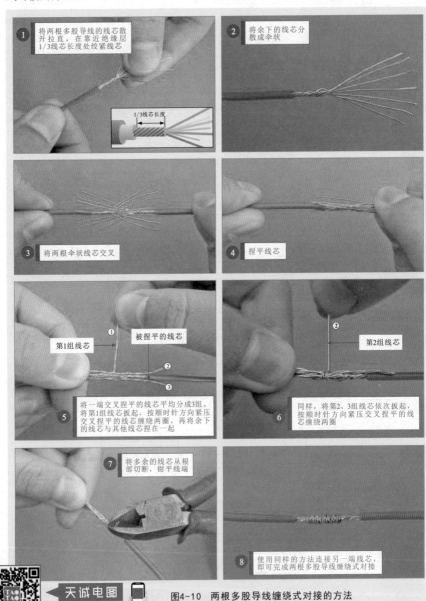

1. 将两根多股导线的线芯散开拉直，在靠近绝缘层1/3线芯长度处绞紧线芯

1/3线芯长度

2. 将余下的线芯分散成伞状

3. 将两根伞状线芯交叉

4. 捏平线芯

5. 将一端交叉捏平的线芯平均分成3组。将第1组线芯扳起，按顺时针方向紧压交叉捏平的线芯缠绕两圈，再将余下的线芯与其他线芯捏在一起

第1组线芯　被捏平的线芯

6. 同样，将第2、3组线芯依次扳起，按顺时针方向紧压交叉捏平的线芯缠绕两圈

第2组线芯

7. 将多余的线芯从根部切断，钳平线端

8. 使用同样的方法连接另一端线芯，即可完成两根多股导线缠绕式对接

天诚电图

微视频讲解15 "多股线绕式对接"

图4-10 两根多股导线缠绕式对接的方法

4　两根多股导线缠绕式T形连接

当一根支路多股导线与一根主路多股导线连接时，通常采用缠绕式T形连接的方法。图4-11为两根多股导线缠绕式T形连接的方法。

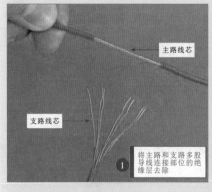

主路线芯

支路线芯

① 将主路和支路多股导线连接部位的绝缘层去除

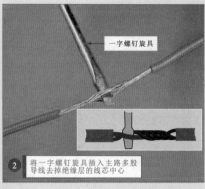

一字螺钉旋具

② 将一字螺钉旋具插入主路多股导线去掉绝缘层的线芯中心

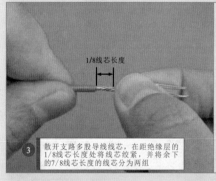

1/8线芯长度

③ 散开支路多股导线线芯，在距绝缘层的1/8线芯长度处将线芯绞紧，并将余下的7/8线芯长度的线芯分为两组

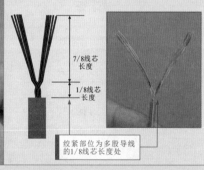

7/8线芯长度

1/8线芯长度

绞紧部位为多股导线的1/8线芯长度处

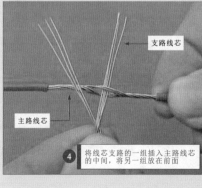

支路线芯

主路线芯

④ 将线芯支路的一组插入主路线芯的中间，将另一组放在前面

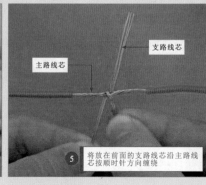

支路线芯

主路线芯

⑤ 将放在前面的支路线芯沿主路线芯按顺时针方向缠绕

图4-11　两根多股导线缠绕式T形连接的方法

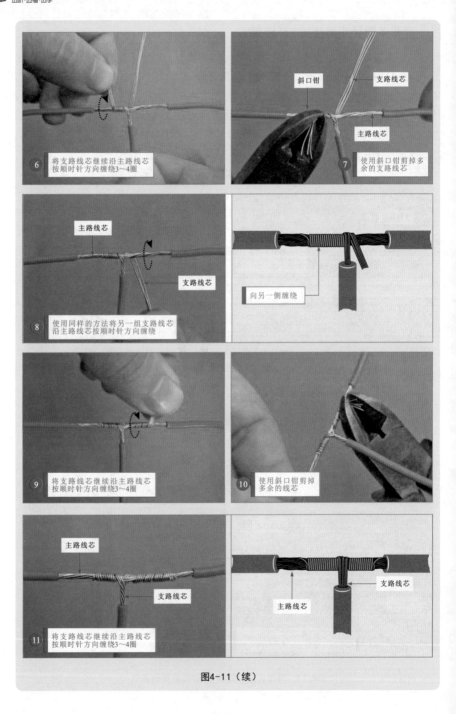

⑥ 将支路线芯继续沿主路线芯按顺时针方向缠绕3～4圈

斜口钳　支路线芯
主路线芯

⑦ 使用斜口钳剪掉多余的支路线芯

主路线芯
支路线芯

⑧ 使用同样的方法将另一组支路线芯沿主路线芯按顺时针方向缠绕

向另一侧缠绕

⑨ 将支路线芯继续沿主路线芯按顺时针方向缠绕3～4圈

⑩ 使用斜口钳剪掉多余的线芯

主路线芯
支路线芯

⑪ 将支路线芯继续沿主路线芯按顺时针方向缠绕3～4圈

支路线芯
主路线芯

图4-11（续）

4.2.2 │ 绞接

当两根横截面积较小的单股导线连接时，通常采用绞接。图4-12为单股导线的绞接操作。

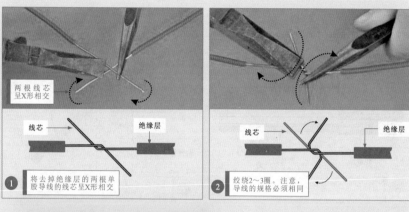

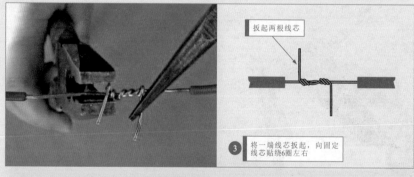

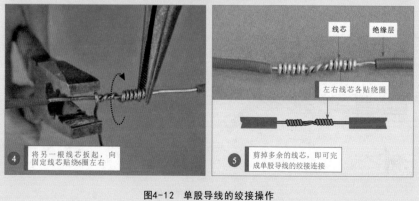

图4-12　单股导线的绞接操作

4.2.3 扭接

扭接是将待连接的导线线芯平行同向放置后，将线芯同时互相缠绕进行扭绞连接。

图4-13为线缆的扭接操作。

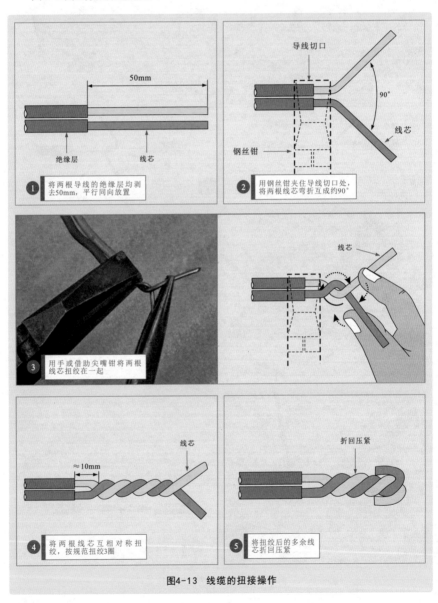

图4-13 线缆的扭接操作

4.2.4 │ 绕接

　　绕接也称并头连接，一般适用于三根导线的连接，即将第三根导线的线芯绕接在另外两根导线的线芯上。图4-14为线缆的绕接操作。

天诚电图

微视频讲解16 "三根导线并头连接"

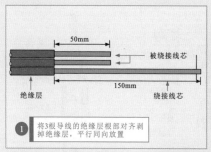

① 将3根导线的绝缘层根部对齐剥掉绝缘层，平行同向放置

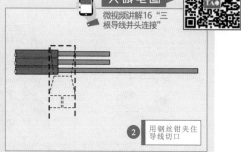

② 用钢丝钳夹住导线切口

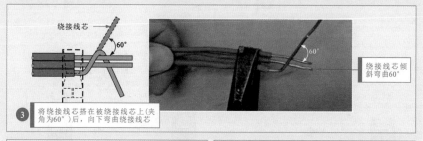

③ 将绕接线芯搭在被绕接线芯上（夹角为60°）后，向下弯曲绕接线芯

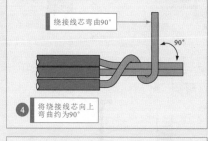

④ 将绕接线芯向上弯曲约为90°

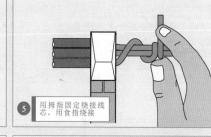

⑤ 用拇指固定绕接线芯，用食指绕接

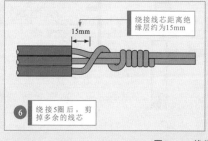

⑥ 绕接5圈后，剪掉多余的线芯

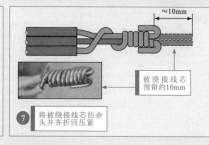

⑦ 将被绕接线芯的余头并齐折回压紧

图4-14　线缆的绕接操作

第1章 第2章 第3章 第4章 第5章 第6章 第7章 第8章 第9章 第10章 第11章 第12章 第13章 第14章

4.2.5 | 线夹连接

在电工操作中，常用线夹连接硬导线，其操作简单，牢固可靠。

图4-15为线缆的线夹连接操作。

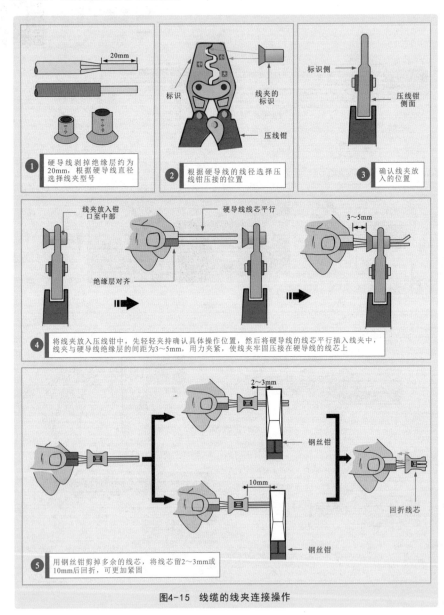

图4-15　线缆的线夹连接操作

4.3 线缆连接头加工

4.3.1 塑料硬导线环形连接头加工

图4-16为塑料硬导线环形连接头的加工方法。当塑料硬导线需要平接时，就需要将塑料硬导线的线芯加工为大小合适的环形连接头（连接环）。

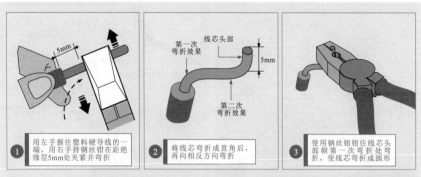

① 用左手握住塑料硬导线的一端，用右手持钢丝钳在距绝缘层5mm处夹紧并弯折

第一次弯折效果　线芯头部

5mm

② 将线芯弯折成直角后，再向相反方向弯折

第二次弯折效果

③ 使用钢丝钳钳住线芯头部朝第一次弯折处弯折，使线芯弯折成圆形

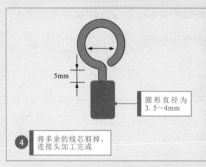

5mm

圆形直径为3.5~4mm

④ 将多余的线芯剪掉，连接头加工完成

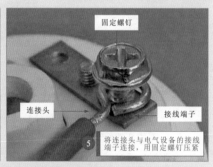

固定螺钉

连接头

接线端子

⑤ 将连接头与电气设备的接线端子连接，用固定螺钉压紧

图4-16　塑料硬导线环形连接头的加工方法

补充说明

在加工塑料硬导线的连接头时应当注意，尺寸不规范或弯折不规范都会影响接线质量。在实际操作过程中，若出现不规范的连接头，则需要剪掉，重新加工，如图4-17所示。

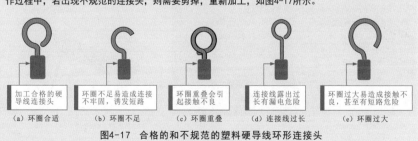

加工合格的硬导线连接头

环圈不足易造成连接不牢固，诱发短路

环圈重叠会引起接触不良

连接线露出过长有漏电危险

环圈过大易造成接触不良，甚至有短路危险

(a) 环圈合适　　(b) 环圈不足　　(c) 环圈重叠　　(d) 连接线过长　　(e) 环圈过大

图4-17　合格的和不规范的塑料硬导线环形连接头

4.3.2 │ 塑料软导线绞绕式连接头加工

绞绕式连接头的加工是用一只手握住线缆的绝缘层处，用另一只手向一个方向捻线芯，使线芯紧固整齐。图4-18为塑料软导线绞绕式连接头的加工方法。

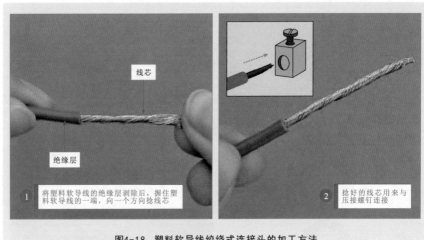

图4-18　塑料软导线绞绕式连接头的加工方法

4.3.3 │ 塑料软导线缠绕式连接头加工

缠绕式连接头的加工是将塑料软导线的线芯插入连接孔时，由于线芯过细，无法插入，所以需要在绞绕的基础上，将其中一根线芯沿一个方向从绝缘层处开始缠绕。图4-19为塑料软导线缠绕式连接头的加工方法。

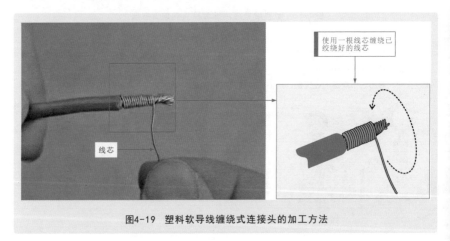

图4-19　塑料软导线缠绕式连接头的加工方法

4.3.4 塑料软导线环形连接头加工

若要将塑料软导线的线芯加工为环形，则首先将离绝缘层根部1/2处的线芯绞绕，然后弯折，并将弯折的线芯与塑料软导线并紧，再将弯折线芯的1/3拉起，环绕其余的线芯和塑料软导线。图4-20为塑料软导线环形连接头的加工方法。

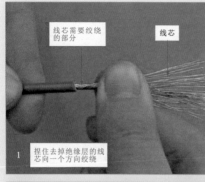

线芯需要绞绕的部分　　线芯

1　握住去掉绝缘层的线芯向一个方向绞绕

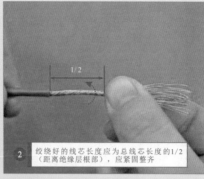

1/2

2　绞绕好的线芯长度应为总线芯长度的1/2（距离绝缘层根部），应紧固整齐

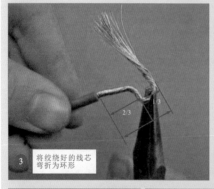

2/3　1/3

3　将绞绕好的线芯弯折为环形

4　将1/3长度的线芯弯曲成圆形

5　将并紧线芯的1/3拉起

6　按顺时针方向缠绕2圈

7　剪掉多余的线芯，完成环形连接头的加工

图4-20　塑料软导线环形连接头的加工方法

天诚电图

微视频讲解17"塑料软导线环形连接头加工"

4.4 线缆布线

4.4.1 线缆明敷

　　线缆的明敷是将穿好线缆的线槽按照敷设标准安装在室内墙体表面。这种敷设操作一般是在土建抹灰后或房子装修完成后，需要增设线缆、更改线缆或维修线缆（替换暗敷线缆）时采用的一种敷设方式。

　　线缆的明敷操作相对简单，对线缆的走向、线槽的间距、高度和线槽固定点的间距都有一定的要求，如图4-21所示。

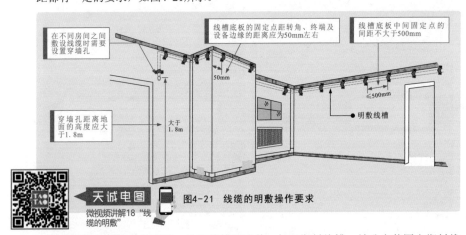

微视频讲解18"线缆的明敷"

图4-21　线缆的明敷操作要求

　　明敷操作包括定位画线、选择线槽和附件、加工塑料线槽、钻孔安装固定塑料线槽、敷设线缆等环节。

1 定位画线

　　定位画线是根据室内线缆布线图或根据增设线缆的实际需求规划好布线的位置，并借助笔和尺子画出线缆走线的路径及开关、灯具、插座的固定点，固定点用×标识。图4-22为定位画线示意图。

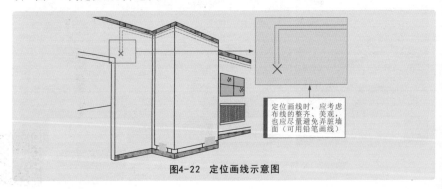

图4-22　定位画线示意图

2 选择线槽和附件

当室内线缆采用明敷时，应借助线槽和附件实现走线，起固定、防护的作用，保证整体布线美观。目前，家装明敷采用的线槽多为PVC塑料线槽。选配时，应根据规划线缆的路径选择相应长度和宽度的线槽，并选配相关的附件，如角弯、分支三通、阳转角、阴转角和终端头等。附件的类型和数量应根据实际敷设时的需求选用，如图4-23所示。

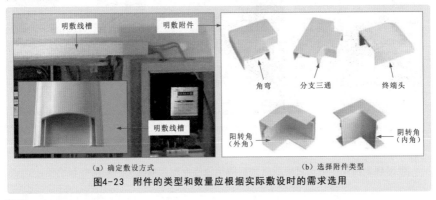

（a）确定敷设方式　　　　　　　　（b）选择附件类型

图4-23　附件的类型和数量应根据实际敷设时的需求选用

3 加工塑料线槽

塑料线槽选择好后，需要根据定位画线的位置进行裁切，并对连接处、转角、分路等位置进行加工，如图4-24所示。

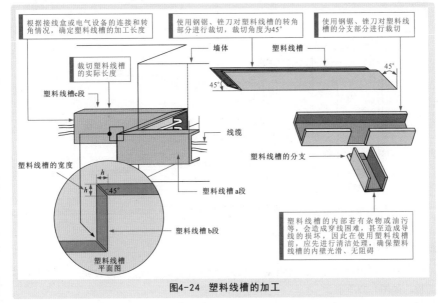

图4-24　塑料线槽的加工

4 钻孔安装固定塑料线槽

塑料线槽加工完成后，将其放到画线的位置，借助电钻在固定位置钻孔，并在钻孔处安装固定螺钉进行固定，如图4-25所示。

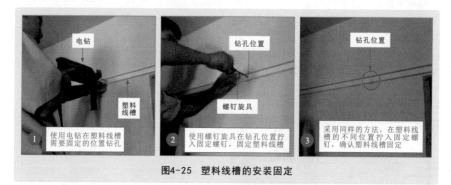

图4-25 塑料线槽的安装固定

根据规划路径，沿定位画线将塑料线槽逐段固定在墙壁上，如图4-26所示。

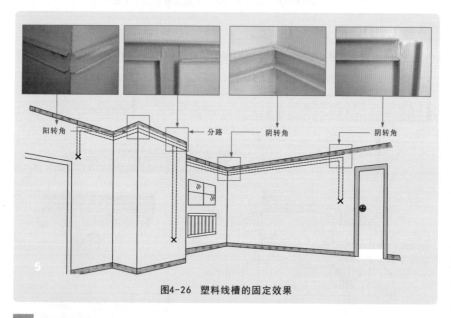

图4-26 塑料线槽的固定效果

5 敷设线缆

塑料线槽固定完成后，将线缆沿塑料线槽内壁逐段敷设，在敷设完成的位置扣好盖板，如图4-27所示。

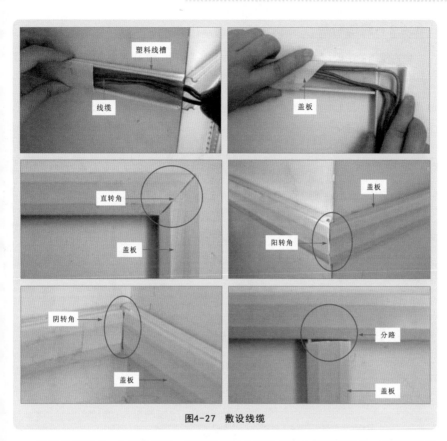

图4-27　敷设线缆

　　线缆敷设完成，扣好盖板后，安装线槽转角和分支部分的配套附件，确保安装牢固可靠，如图4-28所示。

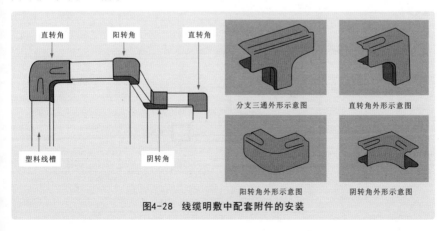

图4-28　线缆明敷中配套附件的安装

4.4.2 | 线缆暗敷

　　室内线缆的暗敷是将室内线缆埋设在墙内、顶棚内或地板下的敷设方式，也是目前普遍采用的一种敷设方式。线缆暗敷通常在土建抹灰之前操作。

　　在暗敷前，需要先了解暗敷的基本操作规范和要求，如暗敷线槽的距离要求，强、弱电线槽的距离要求，各种插座的安装高度要求等，如图4-29所示。

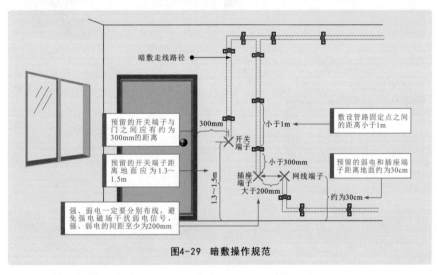

图4-29　暗敷操作规范

　　线缆暗敷的距离要求如图4-30所示。

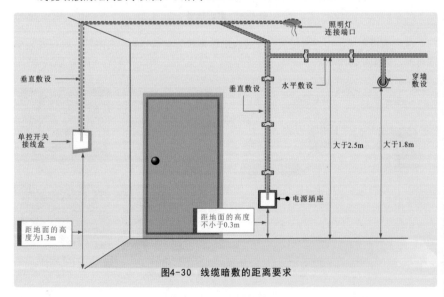

图4-30　线缆暗敷的距离要求

穿越楼板时的暗敷要求如图4-31所示。

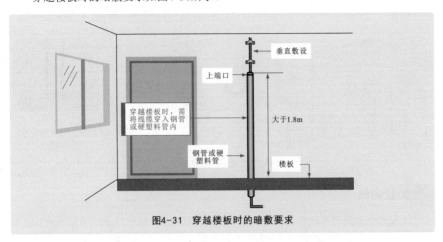

图4-31 穿越楼板时的暗敷要求

电话线、网络线、有线电视信号线和音响线等属于弱电线路，信号电压低，如与电源线并行布线，易受220V电源线的电压干扰，敷设时应避开电源线。

电源线与弱电线路之间的距离应大于200mm。它们的插座之间也应相距200mm以上。插座距地面约为300mm。一般来说，弱电线路应敷设在房顶、墙壁或地板下。在地板下敷设时，为了防止湿气和其他环境因素的影响，在线缆的外面要加上牢固的无接头套管。若有接头，则必须进行密封处理。

弱电线路暗敷时的距离要求如图4-32所示。

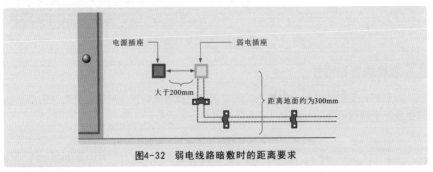

图4-32 弱电线路暗敷时的距离要求

补充说明

　　当线缆敷设在热水管下面时，净距不宜小于200mm；当线缆敷设在热水管上面时，净距不宜小于300mm；当交叉敷设时，净距不宜小于100mm。

　　当线缆敷设在蒸汽管下面时，净距不宜小于500mm；当线缆敷设在蒸汽管上面时，净距不宜小于1000mm；当交叉敷设时，净距不宜小于300mm。

　　当不能符合上述要求时，应对热水管采取隔热措施。对有保温措施的热水管，上下净距均可缩短200mm。线缆与其他管道（不包括可燃气体及易燃、可燃液体管道）的平行净距不应小于100mm，交叉净距不应小于50mm（JGJ 16—2008《民用建筑电气设计规范》）。

在暗敷时,开凿线槽是一个关键环节。按照规范要求,线槽的深度应能够容纳线管或线盒,一般为将线管埋入线槽后,抹灰层的厚度为15mm,如图4-33所示。

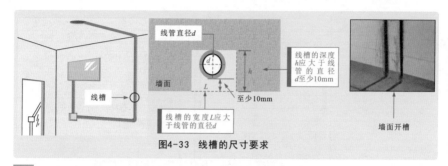

图4-33 线槽的尺寸要求

1 定位画线

定位画线是根据室内线路的布线图或施工图规划好布线的位置,确定线缆的敷设路径及电气设备的安装位置。图4-34为典型暗敷操作时定位画线示意图。

图4-34 典型暗敷操作时定位画线示意图

2 选择线管和附件

暗敷时,管材的选配应根据施工图要求确定线管的长度、所需配套附件的类型和数量等。不同规格导线与线管可穿入根数的关系见表4-1。

表4-1 不同规格导线与线管可穿入根数的关系

导线横截面积/mm²	镀锌钢管穿入导线根数				电线管穿入导线根数				硬塑料管穿入导线根数		
	2	3	4	5	2	3	4	5	2	3	4
	线管直径/mm										
1.5	15	15	15	20	20	20	20	20	15	15	15
2.5	15	15	20	20	20	20	25	20	15	15	20
4	15	20	20	20	20	25	25	20	15	20	25
6	20	20	20	25	20	25	25	25	20	20	25
10	20	25	25	32	25	32	32	32	25	25	32
16	25	25	32	32	32	32	40	40	25	32	32
25	32	32	40	40	32	40	—	—	32	40	40

3 开槽

开槽是室内暗敷的重要环节，一般可借助切割机、锤子及冲击钻等在画好的敷设路径上进行操作。图4-35为暗敷开槽的方法。

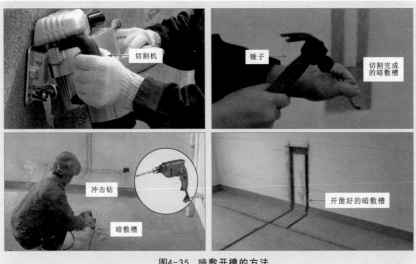

图4-35 暗敷开槽的方法

4 线管加工与穿线

开槽完成后，根据开槽的位置、长度等对线管进行清洁、裁切及弯曲等操作以适应暗敷布线需要。然后，将线管和接线盒敷设在开凿好的暗敷槽中，并使用固定件固定。图4-36为线管与接线盒的敷设效果。

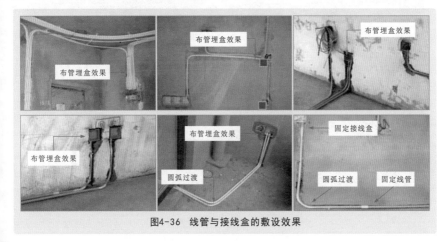

图4-36 线管与接线盒的敷设效果

图4-37为暗敷穿线操作。穿线是暗敷最关键的步骤之一，必须在暗敷线管完成后进行。实施穿线操作可借助穿管弹簧、钢丝等将线缆从线管的一端引至接线盒中。

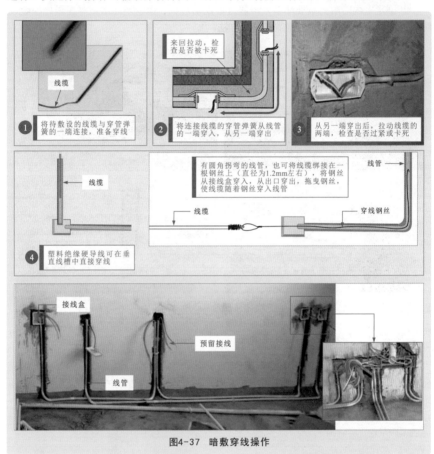

图4-37 暗敷穿线操作

如图4-38所示，在验证线管布置无误、线缆可自由拉动后，将凿开的墙孔和开槽抹灰恢复即可。

图4-38 暗敷布线最终效果

5

　　本章系统介绍电工电路常用部件的安装与接线。

● 控制及保护器件的安装与接线
◇ 交流接触器
◇ 热继电器
◇ 熔断器
● 电源插座的安装与接线
◇ 三孔插座
◇ 五孔插座
◇ 带开关插座
◇ 组合插座
● 接地装置的连接
◇ 接地形式
◇ 接地体的连接
◇ 接地线的连接

第5章

电工电路常用部件安装与接线

5.1 控制及保护器件的安装与接线

5.1.1 交流接触器

　　交流接触器也称电磁开关，一般安装在电动机、电热设备、电焊机等控制线路中，是电工行业中使用最广泛的控制器件之一。在安装前，首先要了解交流接触器的安装形式，然后再进行具体的安装操作，如图5-1所示。

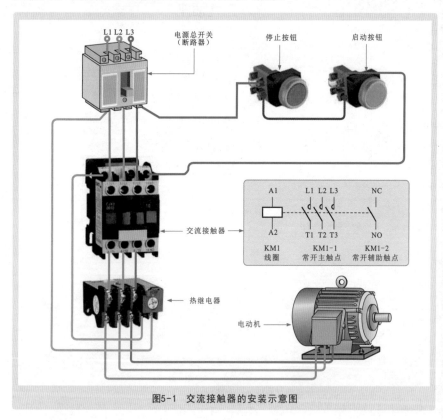

图5-1　交流接触器的安装示意图

补充说明

　　交流接触器的A1和A2为内部线圈引脚，用来连接供电端；L1和T1、L2和T2、L3和T3、NO连接端分别为内部开关引脚，用来连接电动机或负载，如图5-2所示。

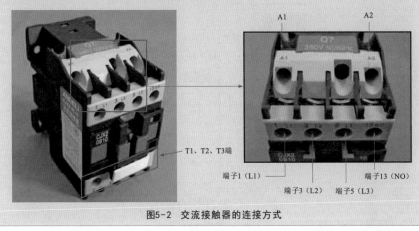

图5-2　交流接触器的连接方式

　　在了解交流接触器的安装方式后，便可以动手安装了。交流接触器的安装全过程如图5-3所示。

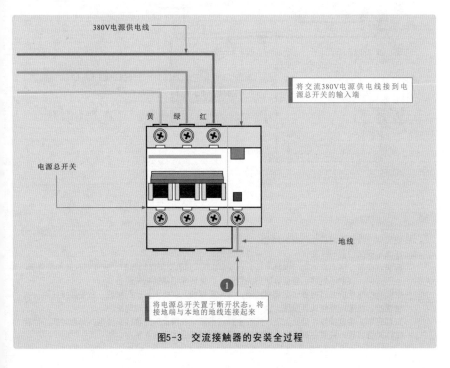

图5-3　交流接触器的安装全过程

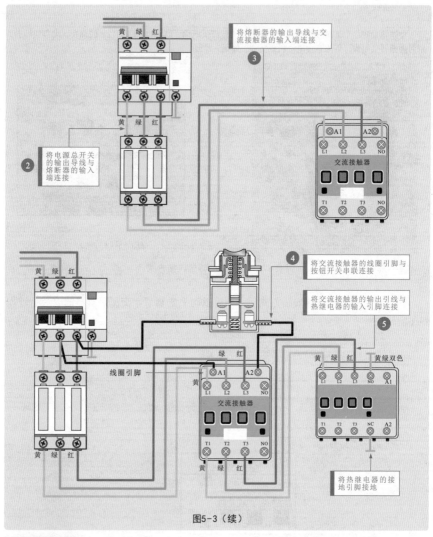

图5-3（续）

在安装交流接触器时应注意以下几点：

· 在确定安装位置时，应便于日后的检查和维修。

· 应垂直安装，底面与地面应保持平行。在安装CJ0系列的交流接触器时，应使有孔的两面处于上下方向，以利于散热，应留有适当的空间，以免烧坏相邻的电气设备。

· 安装孔的螺栓应装有弹簧垫圈和平垫圈，并拧紧螺栓，以免因振动而松脱；在安装接线时，勿使螺栓、线圈、接线头等滑脱，以免落入交流接触器内部，造成短路故障。

· 安装完毕，检查接线正确无误后，应在主触点不带电的情况下先将线圈通电并分合数次，检查动作是否可靠，只有在确认交流接触器处于良好状态后才可投入使用。

5.1.2 热继电器

热继电器是用来保护过热负载的保护器件。在安装热继电器之前，首先要了解热继电器的安装形式，然后进行具体的安装操作，如图5-4所示。

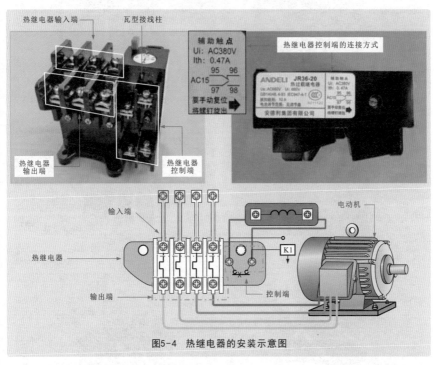

图5-4 热继电器的安装示意图

在了解了热继电器的安装形式后，便可以动手安装了。热继电器的安装全过程如图5-5所示。

图5-5 热继电器的安装全过程

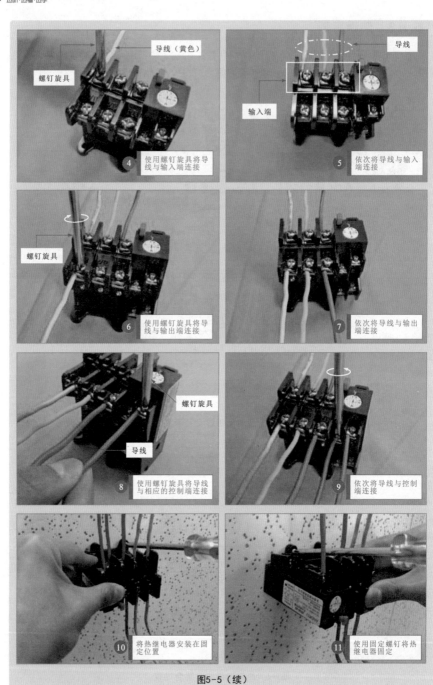

导线（黄色）

螺钉旋具

④ 使用螺钉旋具将导线与输入端连接

导线

输入端

⑤ 依次将导线与输入端连接

螺钉旋具

⑥ 使用螺钉旋具将导线与输出端连接

⑦ 依次将导线与输出端连接

螺钉旋具

导线

⑧ 使用螺钉旋具将导线与相应的控制端连接

⑨ 依次将导线与控制端连接

⑩ 将热继电器安装在固定位置

⑪ 使用固定螺钉将热继电器固定

图5-5（续）

5.1.3 | 熔断器

熔断器是电工线路或电气系统用于短路及过载保护的器件。在安装熔断器之前，首先要了解熔断器的安装形式，然后再进行具体的安装操作，如图5-6所示。

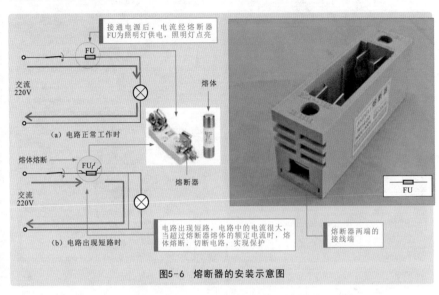

图5-6 熔断器的安装示意图

在了解了熔断器的安装形式后，便可以动手安装了。下面以典型电工线路中常用的熔断器为例，演示一下熔断器在电工线路中安装和接线的全过程，如图5-7所示。

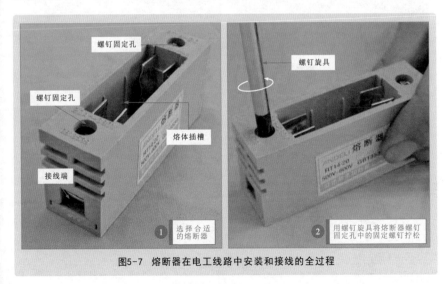

图5-7 熔断器在电工线路中安装和接线的全过程

第1章 第2章 第3章 第4章 第5章 第6章 第7章 第8章 第9章 第10章 第11章 第12章 第13章 第14章

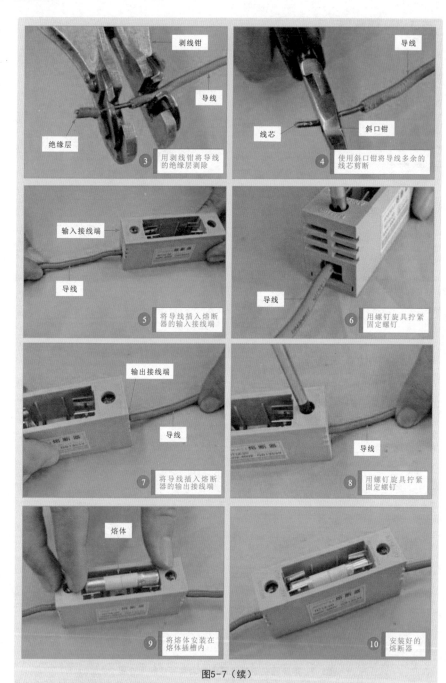

图5-7（续）

剥线钳
导线
绝缘层
③ 用剥线钳将导线的绝缘层剥除

导线
线芯
斜口钳
④ 使用斜口钳将导线多余的线芯剪断

输入接线端
导线
⑤ 将导线插入熔断器的输入接线端

导线
⑥ 用螺钉旋具拧紧固定螺钉

输出接线端
导线
⑦ 将导线插入熔断器的输出接线端

导线
⑧ 用螺钉旋具拧紧固定螺钉

熔体
⑨ 将熔体安装在熔体插槽内

⑩ 安装好的熔断器

5.2 电源插座的安装与接线

电源插座是为家用电器提供交流220V电压的连接部件。电源插座的种类多样，有三孔插座、五孔插座、带开关插座、组合插座和带防溅水护盖插座等，如图5-8所示。

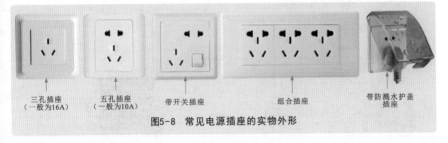

三孔插座
（一般为16A）　　五孔插座
（一般为10A）　　带开关插座　　　　组合插座　　　带防溅水护盖
插座

图5-8 常见电源插座的实物外形

安装电源插座相关规范如图5-9所示。

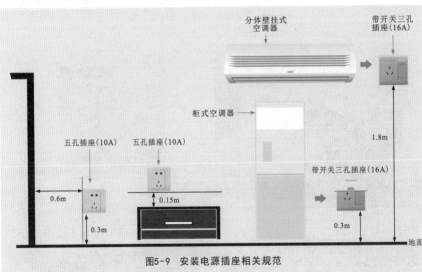

图5-9 安装电源插座相关规范

5.2.1 三孔插座

三孔插座是指面板上设有相线插孔、零线插孔和接地插孔的电源插座。三孔插座属于大功率电源插座，规格多为16A，主要用于连接空调器等大功率家用电器。

在安装前，首先要了解三孔插座的特点和接线关系，如图5-10所示。

三孔插座的安装方法如图5-11所示。

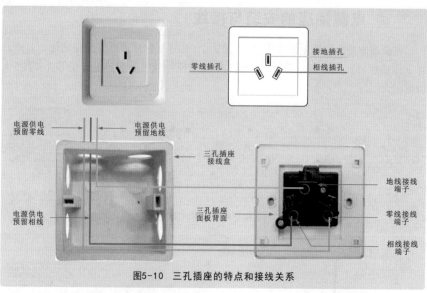

图5-10 三孔插座的特点和接线关系

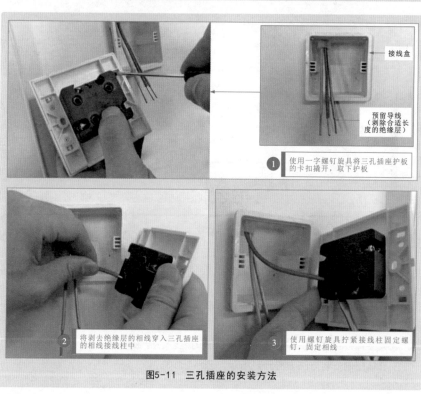

图5-11 三孔插座的安装方法

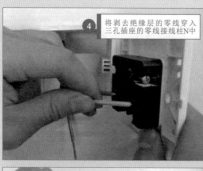

4 将剥去绝缘层的零线穿入三孔插座的零线接线柱N中

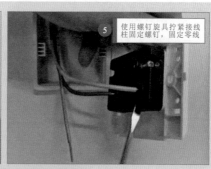

5 使用螺钉旋具拧紧接线柱固定螺钉，固定零线

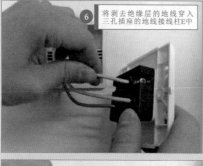

6 将剥去绝缘层的地线穿入三孔插座的地线接线柱E中

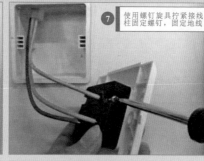

7 使用螺钉旋具拧紧接线柱固定螺钉，固定地线

8 检查接线情况，确保准确且牢固

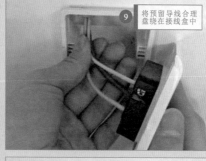

9 将预留导线合理盘绕在接线盒中

10 将三孔插座与接线盒用螺钉固定

11 将护板安装到面板上，三孔插座安装完毕

图5-11（续）

5.2.2 | 五孔插座

五孔插座是两孔插座和三孔插座的组合：上面是两孔插座，为采用两孔插头电源线的电气设备供电；下面为三孔插座，为采用三孔插头电源线的电气设备供电。

图5-12为五孔插座的特点和接线关系。

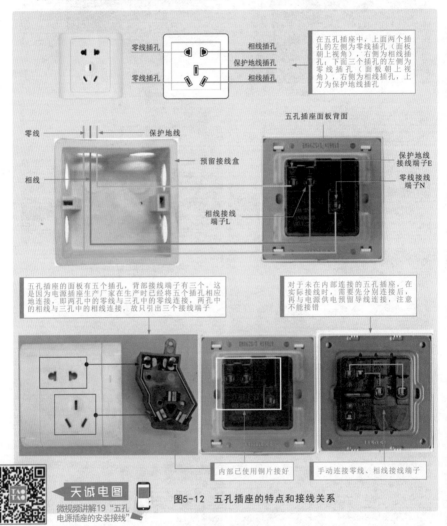

天诚电图
微视频讲解19 "五孔
电源插座的安装接线"

图5-12 五孔插座的特点和接线关系

在安装前，首先区分待安装五孔插座接线端子的类型，在确保供电线路断电的状态下，将预留接线盒中的相线、零线和保护地线连接到五孔插座相应的接线端子（L、N、E）上，并用螺钉旋具拧紧固定螺钉。

图5-13为五孔插座的安装方法。

相线

接线端子

① 将预留的供电相线连接到L接线端子上

零线

螺钉旋具

② 将预留的电源供电零线连接到N接线端子上

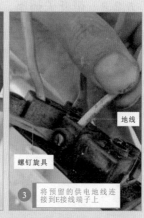

地线

螺钉旋具

③ 将预留的供电地线连接到E接线端子上

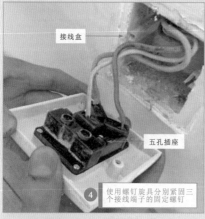

接线盒

五孔插座

④ 使用螺钉旋具分别紧固三个接线端子的固定螺钉

接线端子

⑤ 检查电缆与接线端子之间的连接是否牢固,若有松动,则必须重新连接

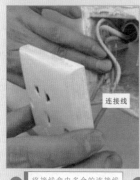

连接线

⑥ 将接线盒内多余的连接线盘绕在接线盒内

固定孔

⑦ 借助螺钉旋具将固定螺钉拧入五孔插座的固定孔内,使面板与接线盒固定牢固

固定螺钉挡片

⑧ 安装好插座固定螺钉挡片,完成安装

图5-13 五孔插座的安装方法

第1章 第2章 第3章 第4章 第5章 第6章 第7章 第8章 第9章 第10章 第11章 第12章 第13章 第14章

5.2.3 | 带开关插座

带开关插座是指在面板上设有开关的电源插座。带开关插座多应用在厨房、卫生间。应用时，可通过开关控制电源的通、断，不需要频繁拔插电气设备的电源插头，控制方便，操作安全。

安装前，首先要了解带开关插座的特点和接线关系，如图5-14所示。

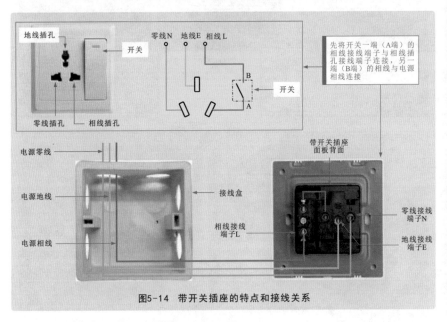

图5-14 带开关插座的特点和接线关系

带开关插座的安装方法如图5-15所示。

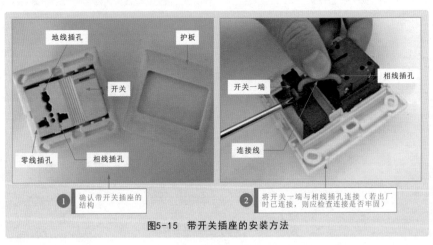

图5-15 带开关插座的安装方法

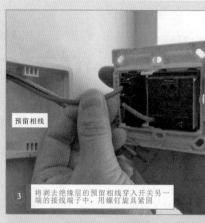

预留相线

③ 将剥去绝缘层的预留相线穿入开关另一端的接线端子中，用螺钉旋具紧固

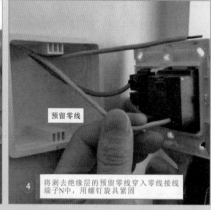

预留零线

④ 将剥去绝缘层的预留零线穿入零线接线端子N中，用螺钉旋具紧固

预留地线

⑤ 将剥去绝缘层的预留地线穿入地线接线端子E中，用螺钉旋具紧固

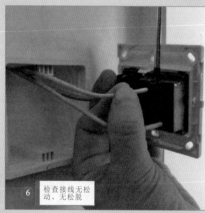

⑥ 检查接线无松动、无松脱

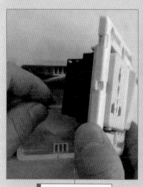

⑦ 将预留导线合理盘绕在接线盒内

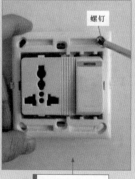

螺钉

⑧ 用螺钉将面板与接线盒固定

护板

⑨ 安装护板后，完成带开关插座的安装

图5-15（续）

第1章
第2章
第3章
第4章
第5章
第6章
第7章
第8章
第9章
第10章
第11章
第12章
第13章
第14章

5.2.4 | 组合插座

组合插座是指将多个三孔插座或五孔插座组合在一起构成的电源插座，也称插座排，其结构紧凑，占用空间小。组合插座多用在电气设备比较集中的场合。

安装前，首先要了解组合插座的特点和接线关系，如图5-16所示。

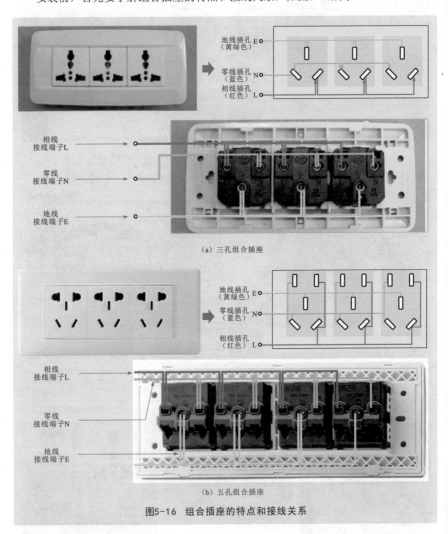

(a) 三孔组合插座

(b) 五孔组合插座

图5-16 组合插座的特点和接线关系

1 组合插座内部接线

以三孔组合插座为例，在安装前，应先将内部插孔串联，即用连接短线将各个插孔连接起来。连接短线的制作方法如图5-17所示。

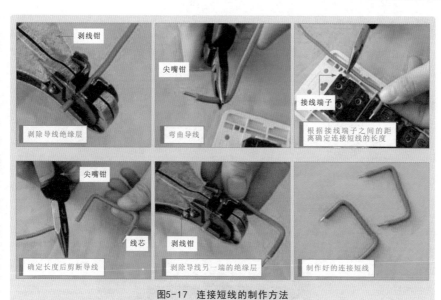

图5-17 连接短线的制作方法

三孔组合插座内部接线如图5-18所示。

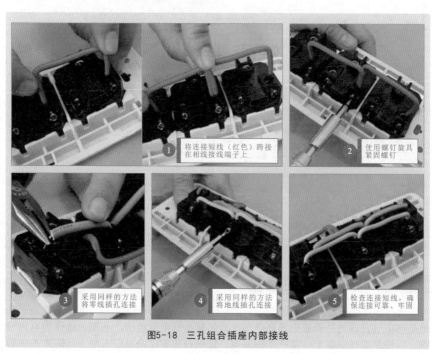

图5-18 三孔组合插座内部接线

2　组合插座的安装

三孔组合插座内部接线完成后，即可按照三孔插座的安装方法进行安装，如图5-19所示。

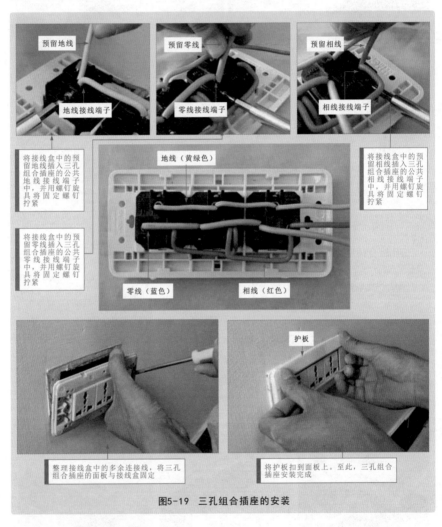

图5-19　三孔组合插座的安装

5.3　接地装置的连接

电气设备接地是为保证电气设备正常工作及人身安全而采取的一种安全措施。接地是将电气设备的外壳或金属底盘与接地装置进行电气连接，利用大地作为电流回路，以便将电气设备上可能产生的漏电、静电荷和雷电电流引入地下，防止人体触电，保护设备安全。接地装置是由接地体和接地线组成的。其中，直接与土壤接触的金属导体被称为接地体；与接地体连接的金属导线被称为接地线。

图5-20为电气设备接地的保护原理。

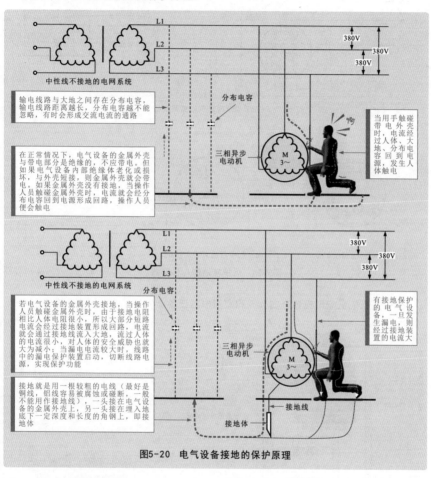

中性线不接地的电网系统

输电线路与大地之间存在分布电容，输电线路距离越长，分布电容越不能忽略，有时会形成交流电流的通路

分布电容

三相异步电动机

当用手触碰带电外壳时，电流经过人体、大地、分布电容回到电源，发生人体触电

在正常情况下，电气设备的金属外壳与带电部分是绝缘的，不应带电。但如果电气设备内部绝缘体老化或损坏，与外壳短接，则金属外壳就会带电。如果金属外壳没有接地，当操作人员触碰金属外壳时，电流就会经分布电容回到电源形成回路，操作人员便会触电

中性线不接地的电网系统

分布电容

三相异步电动机

有接地保护的电气设备，一旦发生漏电，则经过接地装置的电流大

若电气设备的金属外壳接地，当操作人员触碰金属外壳时，由于接地电阻相比人体电阻很小，所以大部分短路电流会经过接地装置形成回路，电流就会通过接地线流入大地，流过人体的电流很小，对人体的安全威胁也就大为减小；当漏电电流较大时，线路中的漏电保护装置启动，切断线路电源，实现保护功能

接地就是用一根较粗的电线（最好是铜线，铝线容易被腐蚀或破断，一般不能用作接地线），一头接在电气设备的金属外壳上，另一头接在埋入地底下一定深度和长度的角钢上，即接地体

接地线

接地体

图5-20　电气设备接地的保护原理

5.3.1 接地形式

电气设备常见的接地形式主要有保护接地、重复接地、防雷接地和防静电接地等。

1 保护接地

保护接地是将电气设备不带电的金属外壳接地，以防止电气设备在绝缘损坏或意外情况下使金属外壳带电，确保人身安全。

图5-21为保护接地的几种形式。保护接地适用于不接地的电网系统。在该系统

中，由于绝缘损坏或其他原因可能出现危险电压的金属部分均应采用保护接地措施（另有规定除外）。

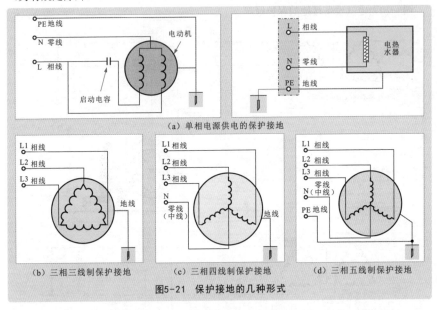

（a）单相电源供电的保护接地

（b）三相三线制保护接地　　（c）三相四线制保护接地　　（d）三相五线制保护接地

图5-21　保护接地的几种形式

图5-22为低压配电设备金属外壳和家用电器设备金属外壳的保护接地措施。

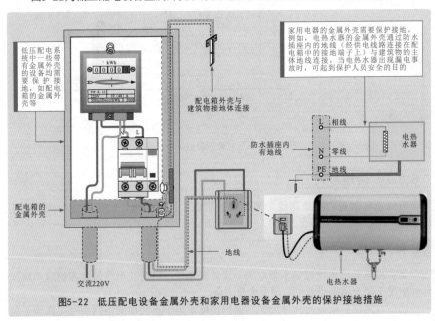

图5-22　低压配电设备金属外壳和家用电器设备金属外壳的保护接地措施

图5-23为电动机金属底座和外壳的保护接地措施。

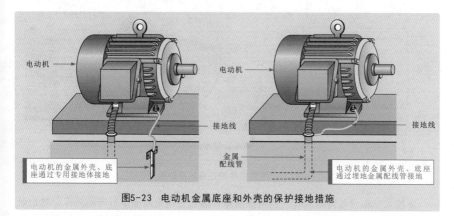

电动机

电动机的金属外壳、底座通过专用接地体接地

接地线

电动机

接地线

金属配线管

电动机的金属外壳、底座通过埋地金属配线管接地

图5-23　电动机金属底座和外壳的保护接地措施

　　接地可以使用专用的接地体，也可以使用自然接地线，如将底座、外壳与埋在地下的金属配线管连接。

　　便携式电气设备的保护接地一般不单独敷设，而是采用设备专门接地或接零线芯的橡皮护套线作为电源线，并将绝缘损坏后可能带电的金属构件通过电源线内的专门接地线芯实现保护接地。

　　在电工作业中，常见的便携式设备主要包括便携式电动工具，如电钻、电铰刀、电动锯管机、电动攻丝机、电动砂轮机、电刨、冲击电钻和电锤等。

　　图5-24为电钻等便携式电动工具的保护接地。

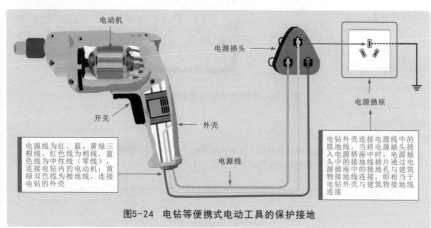

电动机

电源插头

电源插座

开关

外壳

电源线

电源线为红、蓝、黄绿三根线。红色线为相线，蓝色线为中性线（零线），连接电钻内的电动机；黄绿双色线为接地线，连接电钻的外壳

电钻外壳连接电源线中的接地线，当将电源插头插入电源插座中时，电源插头中的接地插片与电源插座中的接地孔与建筑物接地线连接，相当于电钻外壳与建筑物接地线连接

图5-24　电钻等便携式电动工具的保护接地

　　便携式电动工具通过电源线内的专用接地线接地，电源线必须采用三芯（单相设备）或四芯（三相设备）多股铜芯橡皮护套软线缆，电源插座和电源插头应有专用的接地或接零插孔和插头。便携式单相设备使用三孔单相电源插头、电源插座；接线时，专用接地插孔应与专用的保护接地线相接，如图5-25所示。

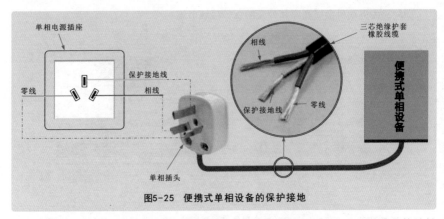

图5-25　便携式单相设备的保护接地

　　便携式三相设备使用四孔三相电源插座。四孔三相电源插座有专用的保护接地触头，插头上的接地插片要长一些，在插入时可以保证插座和插头的接地触头在导电触头接触之前就先行连通，在拔出时可保证导电触头脱离后才会断开，如图5-26所示。

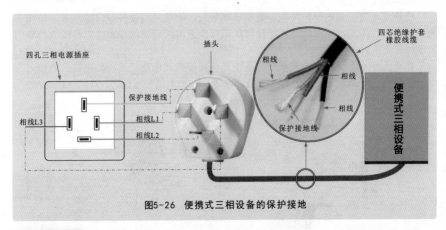

图5-26　便携式三相设备的保护接地

✍ 补充说明

　　移动式电气设备若由固定电源或移动式发电设备供电，则其金属外壳或底座应连接接地装置，在中性点不接地的电网中，可在移动式电气设备附近装设接地装置，以代替敷设接地线，并应首先利用附近的自然接地体。
　　当移动式电气设备与自用的发电设备在同一金属框架上，且不为其他电气设备供电时可不接地。

2 　重复接地

　　重复接地一般应用在保护接零供电系统中，为了降低保护接零线路在出现断电后的危险程度，一般要求保护接零线路采用重复接地形式。其主要作用是提高保护接零的可靠性，即将接地零线间隔一段距离后再次接地或多次接地。

图5-27为供电线路中保护零线的重复接地措施。

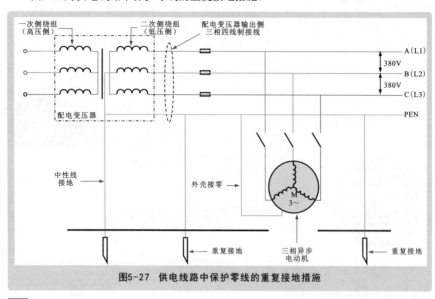

图5-27 供电线路中保护零线的重复接地措施

3 防雷接地

防雷接地主要是将避雷器的一端与被保护对象相连，另一端连接接地装置。当发生雷击时，避雷器可将雷电引向自身，并由接地装置导入大地，从而避免雷击事故的发生。图5-28为防雷接地的形式。

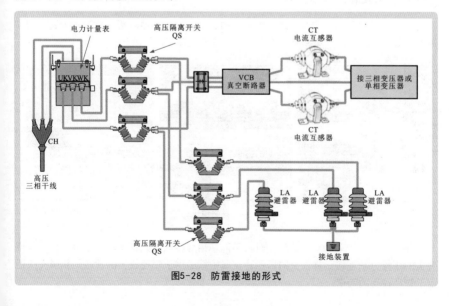

图5-28 防雷接地的形式

4　防静电接地

防静电接地是将对静电防护有明确要求的供电设备、电气设备的金属外壳接地，并将金属外壳直接接触防静电地板，用于将金属外壳上聚集的静电电荷释放到大地，实现静电防范。图5-29为防静电接地措施。

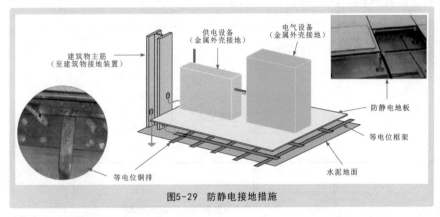

图5-29　防静电接地措施

5.3.2　接地体的连接

直接与土壤接触的金属导体被称为接地体。一般来说，接地体有自然接地体和施工专用接地体两种。

1　自然接地体的安装连接

自然接地体包括直接与大地可靠接触的金属管道、与地连接的建筑物金属结构、钢筋混凝土建筑物的承重基础、带有金属外皮的电缆等，如图5-30所示。

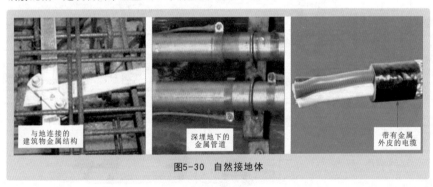

图5-30　自然接地体

在连接管道一类的自然接地体时，不能使用焊接的方式连接，应采用金属抱箍或夹头的压接方法连接，如图5-31所示。金属抱箍适用于管径较大的管道，金属夹头适用于管径较小的管道。

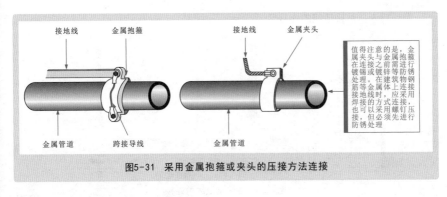

图5-31 采用金属抱箍或夹头的压接方法连接

2 施工专用接地体的安装连接

施工专用接地体应选用钢材制作，一般常用角钢和钢管作为施工专用接地体。如图5-32所示，施工专用接地体主要采用垂直安装连接的方式。

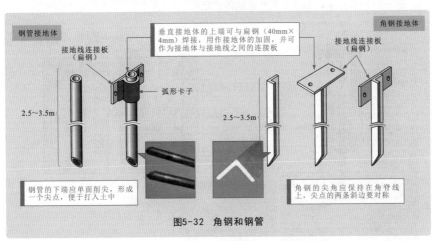

图5-32 角钢和钢管

5.3.3 | 接地线的连接

在接地体连接好后，接下来应连接接地线。接地线通常有自然接地线和施工专用接地线。在连接接地线时，应优先选择自然接地线，其次考虑施工专用接地线。

1 自然接地线的连接

接地装置的接地线应尽量选用自然接地线，如建筑物的金属结构、配电装置的构架、配线用钢管（壁厚不小于1.5mm）、电力电缆铅包皮或铝包皮、金属管道（1kV以下电气设备的管道，输送可燃液体或可燃气体的管道禁止使用）。

图5-33为自然接地线的连接。

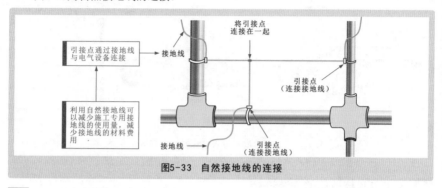

图5-33 自然接地线的连接

2 施工专用接地线的连接

施工专用接地线通常是使用铜、铝、扁钢或圆钢材料制成的裸线或绝缘线。

图5-34为室内接地干线与室外接地体的连接。

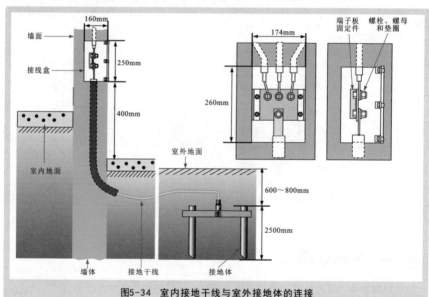

图5-34 室内接地干线与室外接地体的连接

⚡ 补充说明

　　用于输配电系统的工作接地线应满足下列要求：10kV避雷器的接地支线应采用多股导线；接地干线可选用铜芯或铝芯的绝缘导线或裸导线，其横截面面积不小于16mm²；用作避雷针或避雷器接地线的横截面面积不应小于25mm²；接地干线可用扁钢或圆钢，扁钢尺寸应不小于4mm×12mm，圆钢直径应不小于6mm；配电变压器低压侧中性点的接地线要采用裸铜导线，横截面面积不小于35mm²；变压器容量大于100kV·A时，接地线的横截面面积为25mm²。

6

本章系统介绍电子元器件与电子电路的识图。

● 电子电路中的电子元器件
◇ 电阻器
◇ 电容器
◇ 电感器
● 电子电路中的半导体器件
◇ 二极管
◇ 三极管
◇ 场效应晶体管
◇ 晶闸管
● 电子电路识图技巧
◇ 从元器件入手识读电路
◇ 从单元电路入手识读电路
● 电子电路识图案例
◇ 基本放大电路识图案例
◇ 电源电路识图案例
◇ 音频电路识图案例
◇ 遥控电路识图案例
◇ 脉冲电路识图案例

第6章
电子元器件与电子电路识图

6.1 电子电路中的电子元器件

6.1.1 电阻器

电阻器简称电阻，是利用物体对所通过的电流产生阻碍作用制成的电子元器件，是电子产品中最基本、最常用的电子元器件之一。

图6-1为典型电阻器的外形特点与电路标识方法。

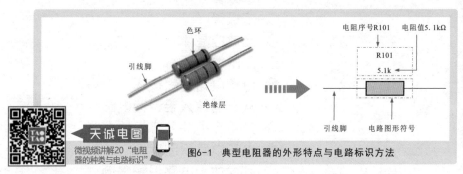

微视频讲解20 "电阻器的种类与电路标识"

图6-1 典型电阻器的外形特点与电路标识方法

电路图形符号表明了电阻器的类型；标识信息通常提供电阻器的类别、在该电路图中的序号及电阻值等参数信息。

1 普通电阻器

普通电阻器与电路图形符号对照如图6-2所示。

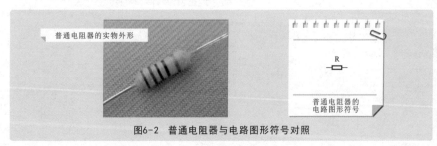

图6-2 普通电阻器与电路图形符号对照

2 熔断电阻器

熔断电阻器又称保险丝电阻器，具有电阻器和过电流保护熔断丝的双重作用，在电流较大的情况下可熔化断裂，从而保护整个设备不受损坏。

熔断电阻器与电路图形符号对照如图6-3所示。

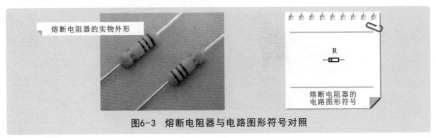

图6-3 熔断电阻器与电路图形符号对照

3 熔断器

熔断器又称保险丝，阻值接近于零，是一种安装在电路中保证电路安全运行的电器元器件。它会在电流异常升高到一定的强度时，自身熔断切断电路，从而起到保护电路安全运行的作用。

熔断器与电路图形符号对照如图6-4所示。

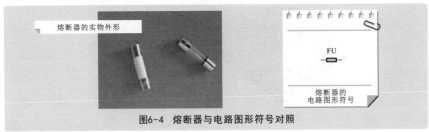

图6-4 熔断器与电路图形符号对照

4 可调电阻器

可调电阻器也称电位器。其阻值可以在人为作用下在一定范围内变化，从而使其在电路中的相关参数发生变化，起到调整作用。

可调电阻器与电路图形符号对照如图6-5所示。

图6-5 可调电阻器与电路图形符号对照

5　热敏电阻器

热敏电阻器有正温度系数（PTC）和负温度系数（NTC）两种。它是一种阻值会随温度的变化而自动发生变化的电阻器。

热敏电阻器与电路图形符号对照如图6-6所示。

图6-6　热敏电阻器与电路图形符号对照

6　光敏电阻器

光敏电阻器是一种对光敏感的元器件。它的阻值会随光照强度的变化而自动发生变化。在一般情况下，当入射光线增强时，它的阻值会明显减小；当入射光线减弱时，它的阻值会显著增大。

光敏电阻器与电路图形符号对照如图6-7所示。

图6-7　光敏电阻器与电路图形符号对照

7　湿敏电阻器

湿敏电阻器的阻值随周围环境湿度的变化而发生变化（一般为湿度越高，阻值越小）。常用于湿度检测电路。

湿敏电阻器与电路图形符号对照如图6-8所示。

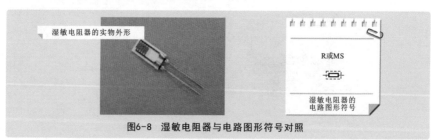

图6-8　湿敏电阻器与电路图形符号对照

8 气敏电阻器

气敏电阻器是利用金属氧化物半导体表面吸收某种气体分子时，会发生氧化反应或还原反应使电阻值改变的特性制成的电阻器。

气敏电阻器与电路图形符号对照如图6-9所示。

图6-9 气敏电阻器与电路图形符号对照

9 压敏电阻器

压敏电阻器是一种当外加电压施加到某一临界值时，阻值急剧变小的电阻器。在实际应用中，压敏电阻器常用作过电压保护器件。

压敏电阻器与电路图形符号对照如图6-10所示。

图6-10 压敏电阻器与电路图形符号对照

10 排电阻器

排电阻器（简称排阻）是一种将多个分立电阻器按照一定规律排列集成为一个组合型电阻器，也称集成电阻器或电阻器网络。

排电阻器与电路图形符号对照如图6-11所示。

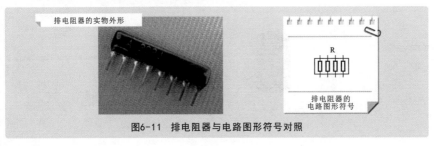

图6-11 排电阻器与电路图形符号对照

6.1.2 | 电容器

电容器简称电容，是一种可存储电能的元器件（储能元器件），与电阻器一样，几乎每种电子产品中都应用有电容器，是十分常见的电子元器件之一。

图6-12为典型电容器的外形特点与电路标识方法。

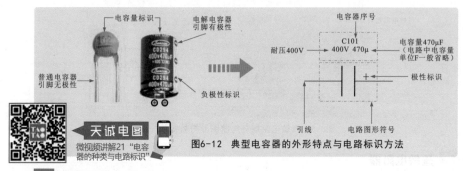

图6-12　典型电容器的外形特点与电路标识方法

1 无极性电容器

无极性电容器是指电容器的两引脚没有正、负极性之分，其电容量固定。
无极性电容器与电路图形符号对照如图6-13所示。

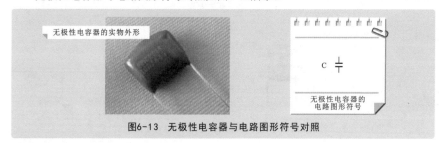

图6-13　无极性电容器与电路图形符号对照

2 有极性电容器

有极性电容器（电解电容器）是指电容器的两引脚有明确的正、负极性之分，使用时，两引脚极性不可接反。

有极性电容器与电路图形符号对照如图6-14所示。

图6-14　有极性电容器与电路图形符号对照

第1章
第2章
第3章
第4章
第5章
第6章
第7章
第8章
第9章
第10章
第11章
第12章
第13章
第14章

3 微调电容器

微调电容器又称半可调电容器。这种电容器的电容量调整范围小，主要功能是微调和调谐回路中的谐振频率，主要用于收音机的调谐电路中。

微调电容器与电路图形符号对照如图6-15所示。

图6-15 微调电容器与电路图形符号对照

4 单联可调电容器

单联可调电容器是用相互绝缘的两组金属铝片对应组成的。其中，一组为动片，一组为定片，中间以空气为介质（因此也称为空气可调电容器）。

单联可调电容器与电路图形符号对照如图6-16所示。

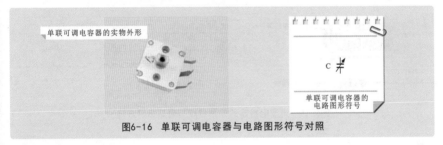

图6-16 单联可调电容器与电路图形符号对照

5 双联可调电容器

双联可调电容器可以简单理解为由两个单联可调电容器组合而成，调整时，双联电容同步变化。该电容器也多应用于调谐电路中。

双联可调电容器与电路图形符号对照如图6-17所示。

图6-17 双联可调电容器与电路图形符号对照

6 四联可调电容器

四联可调电容器的内部包含四个单联可同步调整的电容器，每个电容器都各自附带一个用于微调的补偿电容，一般从可调电容器的背部可以看到。

四联可调电容器与电路图形符号对照如图6-18所示。

图6-18 四联可调电容器与电路图形符号对照

6.1.3 电感器

电感器也称电感，属于一种储能元器件，可以把电能转换成磁能并存储起来。

图6-19为典型电感器的外形特点与电路标识方法。

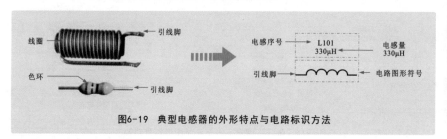

图6-19 典型电感器的外形特点与电路标识方法

1 普通电感器

普通电感器又称固定电感器，主要有色环电感器和色码电感器，其主要功能是分频、滤波和谐振。

普通电感器与电路图形符号对照如图6-20所示。

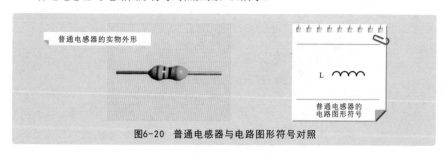

图6-20 普通电感器与电路图形符号对照

2 带磁芯电感器

带磁芯电感器包括磁棒电感器和磁环电感器，其主要功能是分频、滤波和谐振。带磁芯电感器与电路图形符号对照如图6-21所示。

图6-21　带磁芯电感器与电路图形符号对照

3 可调电感器

可调电感器就是可以对电感量进行细微调整的电感器，具有滤波、谐振功能。可调电感器与电路图形符号对照如图6-22所示。

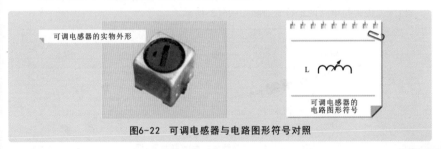

图6-22　可调电感器与电路图形符号对照

6.2 电子电路中的半导体器件

6.2.1 二极管

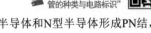
微视频讲解22 "二极管的种类与电路标识"

　　二极管是一种常用的半导体器件，是由一个P型半导体和N型半导体形成PN结，并在PN结两端引出相应的电极引线，再加上管壳密封制成的。

　　图6-23为典型二极管的外形特点与电路标识方法。

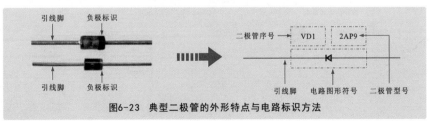

图6-23　典型二极管的外形特点与电路标识方法

1 整流二极管

整流二极管是一种具有整流作用的二极管，即可将交流整流成直流，主要用于整流电路中。

整流二极管与电路图形符号对照如图6-24所示。

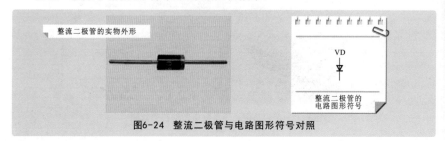

图6-24 整流二极管与电路图形符号对照

2 稳压二极管

稳压二极管是一种单向击穿二极管，利用PN结反向击穿时，两端电压固定在某一数值，基本上不随电流大小变化而变化的特点进行工作，因此可达到稳压的目的。

稳压二极管与电路图形符号对照如图6-25所示。

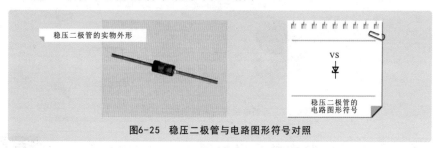

图6-25 稳压二极管与电路图形符号对照

3 发光二极管

发光二极管是一种利用正向偏置时PN结两侧的多数载流子直接复合释放出光能的发射器件。发光二极管简称LED，常用于显示器件或光电控制电路中的光源。

发光二极管与电路图形符号对照如图6-26所示。

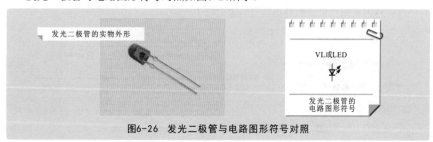

图6-26 发光二极管与电路图形符号对照

4 光敏二极管

光敏二极管又称光电二极管，当受到光照射时，二极管反向阻抗会随之变化（随着光照射的增强，反向阻抗会由大到小），利用这一特性，光敏二极管常用作光电传感器件。

光敏二极管与电路图形符号对照如图6-27所示。

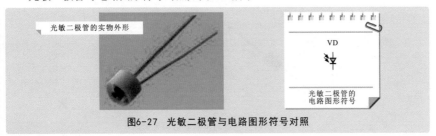

图6-27 光敏二极管与电路图形符号对照

5 双向二极管

双向二极管又称二端交流器件（简称DIAC），是一种具有三层结构的两端对称半导体器件，常用来触发晶闸管或用于过电压保护、定时、移相电路。

双向二极管与电路图形符号对照如图6-28所示。

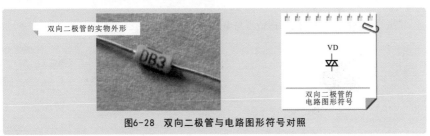

图6-28 双向二极管与电路图形符号对照

6 变容二极管

变容二极管在电路中起电容器的作用，多用于超高频电路中的参量放大器、电子调谐器及倍频器等高频电路和微波电路中。

变容二极管与电路图形符号对照如图6-29所示。

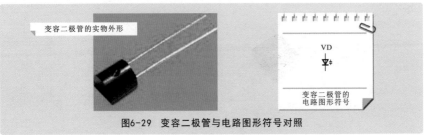

图6-29 变容二极管与电路图形符号对照

7 热敏二极管

热敏二极管属于温度感应器件，当周围温度正常时，电路接通；当受外界影响时，温度升高，达到热敏二极管工作温度后截止，电路断开，起保护作用。

热敏二极管与电路图形符号对照如图6-30所示。

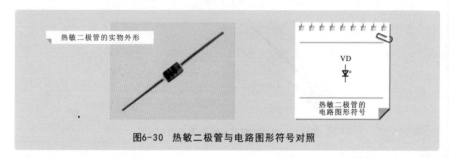

图6-30 热敏二极管与电路图形符号对照

6.2.2 三极管

三极管又称晶体管，是在一块半导体基片上制作两个距离很近的PN结，这两个PN结把整块半导体分成三部分，中间部分为基极（b），两侧部分为集电极（c）和发射极（e）。

图6-31为典型三极管的外形特点与电路标识方法。

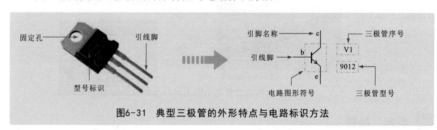

图6-31 典型三极管的外形特点与电路标识方法

1 NPN型三极管

NPN型三极管与电路图形符号对照如图6-32所示。

图6-32 NPN型三极管与电路图形符号对照

第
1
章

第
2
章

第
3
章

第
4
章

第
5
章

第
6
章

第
7
章

第
8
章

第
9
章

第
10
章

第
11
章

第
12
章

第
13
章

第
14
章

2 PNP型三极管

PNP 型三极管与电路图形符号对照如图6-33所示。

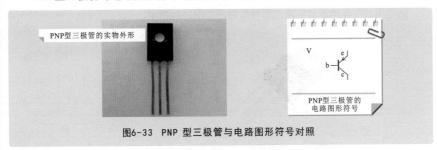

图6-33 PNP 型三极管与电路图形符号对照

3 光敏三极管

光敏三极管是一种具有放大能力的光—电转换器件，相比光敏二极管具有更高的灵敏度。

光敏三极管与电路图形符号对照如图6-34所示。

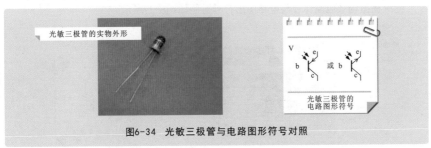

图6-34 光敏三极管与电路图形符号对照

6.2.3 场效应晶体管

场效应晶体管简称场效应管（FET），是一种利用电场效应控制电流大小的电压型半导体器件，具有PN结构。

图6-35为典型场效应晶体管的外形特点与电路标识方法。

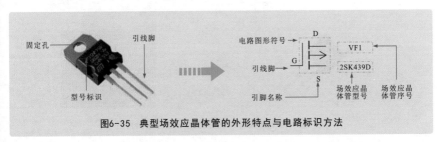

图6-35 典型场效应晶体管的外形特点与电路标识方法

1 结型场效应晶体管

结型场效应晶体管（JFET）可用来制作信号放大器、振荡器和调制器等。

结型场效应晶体管与电路图形符号对照如图6-36所示。

图6-36 结型场效应晶体管与电路图形符号对照

2 绝缘栅型场效应晶体管

绝缘栅型场效应晶体管（MOSFET）一般用于音频功率放大、开关电源、逆变器、镇流器、电动机驱动、继电器驱动等电路中。

绝缘栅型场效应晶体管与电路图形符号对照如图6-37所示。

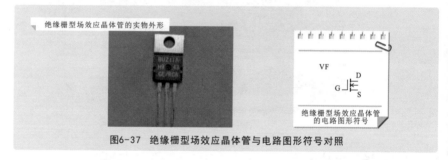

图6-37 绝缘栅型场效应晶体管与电路图形符号对照

6.2.4 晶闸管

晶闸管是一种可控整流器件，也称可控硅。

图6-38为典型晶闸管的外形特点与电路标识方法。

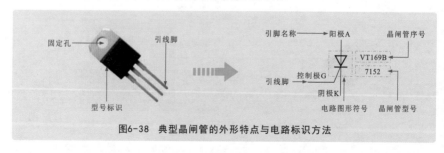

图6-38 典型晶闸管的外形特点与电路标识方法

1 单向晶闸管

单向晶闸管（Silicon Controlled Rectifier，SCR）是指触发后只允许一个方向的电流流过的半导体器件，相当于一个可控的整流二极管。广泛应用于可控整流、交流调压、逆变器等电路中。

单向晶闸管与电路图形符号对照如图6-39所示。

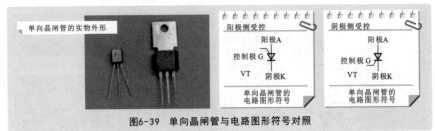

图6-39 单向晶闸管与电路图形符号对照

2 双向晶闸管

双向晶闸管又称双向可控硅。在结构上相当于两个单向晶闸管反极性并联。双向晶闸管可双向导通，允许两个方向有电流流过，常用在交流电路调节电压、电流。

双向晶闸管与电路图形符号对照如图6-40所示。

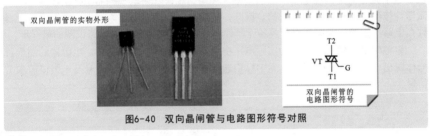

图6-40 双向晶闸管与电路图形符号对照

3 可关断晶闸管

可关断晶闸管（Gate Turn-Off Thyristor，GTO）也称门控晶闸管、门极关断晶闸管。其主要特点是当门极加负向触发信号时，晶闸管能自行关断。

可关断晶闸管与电路图形符号对照如图6-41所示。

图6-41 可关断晶闸管与电路图形符号对照

6.3 电子电路识图技巧

6.3.1 从元器件入手识读电路

如图6-42所示，在电子产品的电路板上有不同外形、不同种类的电子元器件，电子元器件所对应的文字标识、电路图形符号及相关参数都标注在元器件的旁边。

电容器的文字符号为C，36为该电容器对应电路图中的序号

晶体管的文字符号为Q，32为该晶体管对应电路图中的序号

电阻器的文字符号为R，47为该电阻器对应电路图中的序号

电感器的电路图形符号

电容器的电路图形符号

电阻器的电路图形符号(非国标)

图6-42 电路板上电子元器件的标注和电路图形符号

电子元器件是构成电子产品的基础，换句话说，任何电子产品都是由不同的电子元器件按照电路规则组合而成的。因此，了解电子元器件的基本知识，掌握不同元器件在电路图中的电路图形符号及各元器件的基本功能特点是学习电路识图的第一步。

以电阻器为例，图6-43为实际电路中电阻器的识读。结合电路，电阻器的图形符号体现出电阻器的基本类型；文字标识通常提供电阻器的名称、序号及电阻值等参数信息。

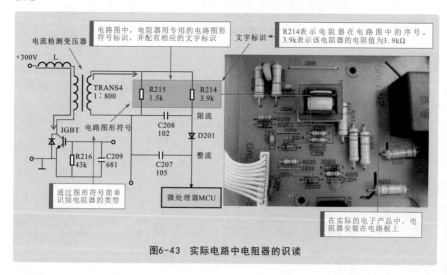

电路图中，电阻器用专用的电路图形符号标识，并配有相应的文字标识

文字标识

R214表示电阻器在电路图中的序号，3.9k表示该电阻器的电阻值为3.9kΩ

电流检测变压器

+300V L

TRANS4 1：800

R215 1.5k

R214 3.9k

限流

C208 102

D201

IGBT 电路图形符号

R216 43k

C209 681

C207 105

整流

微处理器MCU

通过图形符号简单识别电阻器的类型

在实际的电子产品中，电阻器安装在电路板上

图6-43 实际电路中电阻器的识读

6.3.2 | 从单元电路入手识读电路

单元电路是由常用元器件、简单电路及基本放大电路构成的可以实现一些基本功能的电路，是整机电路中的单元模块，如串并联电路、RC电路、LC电路、放大器、振荡器等。在识读复杂的电子电路时，通常可从单元电路入手。

图6-44为超外差调幅（AM）收音机整机电路的划分。

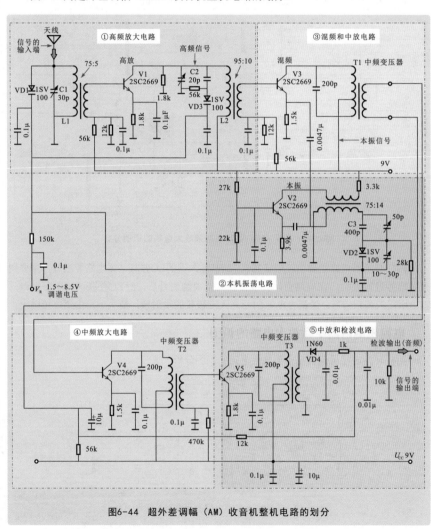

图6-44 超外差调幅（AM）收音机整机电路的划分

根据电路功能找到天线端为信号接收端，即输入端，最后输出声音的右侧音频信号为输出端，根据电路中的几个核心元器件划分为五个单元电路模块。

6.4 电子电路识图案例

6.4.1 基本放大电路识图案例

1 调频（FM）收音机高频放大电路的识图

图6-45为调频（FM）收音机高频放大电路的识图分析。

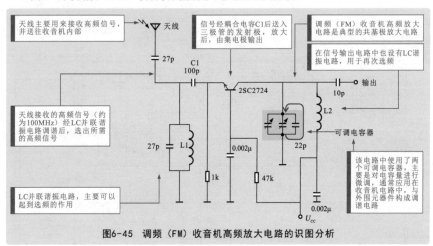

图6-45 调频（FM）收音机高频放大电路的识图分析

图6-45所示电路主要由三极管2SC2724及输入端的LC并联谐振电路等组成，主要用来对信号进行放大。在电路中，天线接收天空中的信号后，经LC并联谐振电路调谐后输出所需的高频信号，经耦合电容C1后送入三极管的发射极；放大后，由集电极输出。

2 电视机调谐器中频放大电路的识图

图6-46为电视机调谐器中频放大电路的识图分析。

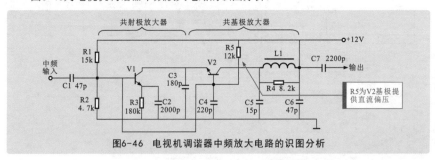

图6-46 电视机调谐器中频放大电路的识图分析

V2与偏置元器件构成共基极放大器。工作时，中频信号（38MHz）先经电容C1耦合到V1；放大后，由V1集电极输出，直接送到V2的发射极；V2的发射极输出放大后的中频信号，再经LC滤波后送到输出端。

第
1
章

第
2
章

第
3
章

第
4
章

第
5
章

第
6
章

第
7
章

第
8
章

第
9
章

第
10
章

第
11
章

第
12
章

第
13
章

第
14
章

3 单电源音频放大电路的识图

图6-47为典型低功耗单电源音频放大电路的识图分析。

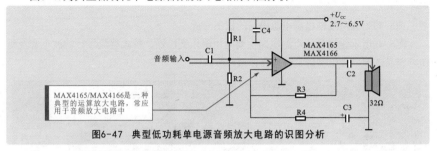

图6-47　典型低功耗单电源音频放大电路的识图分析

图6-47所示电路主要是由运算放大电路构成的音频放大电路。工作时，来自输入端或前级电路的音频信号经耦合电容器C1后，送入运算放大电路MAX4165/MAX4166的正向输入端。

送入运算放大电路中的音频信号经内部运算放大处理后输出，再经耦合电容器C2驱动扬声器发声。

4 水位指示电路的识图

图6-48为典型水位指示电路的识图分析。它是由运算放大电路控制显示的水位指示电路，主要是由水箱内的水位检测电极和运算放大电路构成的。

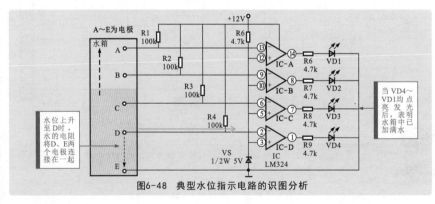

图6-48　典型水位指示电路的识图分析

工作过程中，当向水箱中注入水使水位上升至D电极时，水的电阻将D、E两个电极连接在一起。

运算放大电路IC-D的反向输入端2脚电压低于+5V，1脚输出高电平，使发光二极管VD4正向导通而发光，指示水位已达到D电极处。

随着水位的不断提高，水箱中的检测电极C、B、A依次接入电路中。

使运算放大电路IC-C、IC-B、IC-A逐次输出高电平，由此依次点亮二极管VD3、VD2、VD1。当四只二极管均点亮发光后，表明水箱已满。

6.4.2 电源电路识图案例

1 线性电源电路的识图

图6-49为典型线性稳压电源电路的识图分析。

图6-49所示线性稳压电源电路主要是由降压变压器、桥式整流堆、滤波电容及稳压调整晶体管、稳压二极管等元器件组成的。

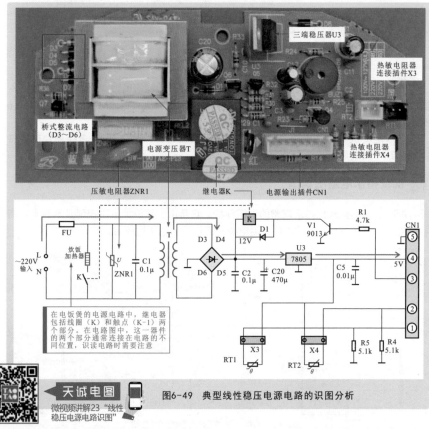

图6-49 典型线性稳压电源电路的识图分析

微视频讲解23 "线性稳压电源电路识图"

工作时，AC 220V市电送入电路后，通过FU（热熔断器）将交流电输送到电源电路中。热熔断器主要起保护电路的作用，当电饭煲中的电流过大或电饭煲中的温度过高时，热熔断器熔断，切断电饭煲的供电。

交流220V进入电源电路中，经降压变压器降压后，输出交流低压。

交流低压经过桥式整流电路和滤波电容整流滤波后，变为直流低压，输送到三端稳压器中。

三端稳压器对整流电路输出的直流电压进行稳压后，输出+5V的稳定直流电压，为微电脑控制电路提供工作电压。

2 开关电源电路的识图

图6-50为典型液晶电视机开关电源电路的识图分析。

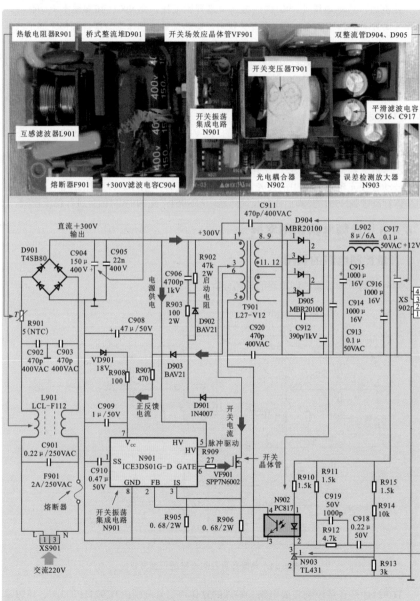

图6-50 典型液晶电视机开关电源电路的识图分析

交流220V电压经互感滤波器L901和桥式整流堆D901后变成约+300V的直流电压。

+300V直流电压经开关变压器T901的初级绕组1～3脚为开关场效应晶体管漏极提供偏压，同时为开关、振荡、稳压控制集成电路N901的5脚提供启动电压。

开机后，启动电压使N901内的振荡电路开始工作，由N901的6脚输出驱动脉冲，使开关场效应晶体管VF901工作在开关状态，驱动场效应晶体管漏极、源极之间形成开关电流。

开关变压器次级绕组5～6脚为正反馈绕组，6脚输出经整流二极管D903将正反馈电压加到N901的7脚，维持N901的振荡。

开关变压器次级8脚、9～11脚、12脚输出经D904、D905（双整流管）整流、滤波形成+12V电压。

误差取样电路由接在次级输出电路的+12 V电压经R915、R914、R913形成分压电路，在R913上作为取样点为N903（TL431）提供误差取样电压。

误差放大器N903（TL431）的输出控制光电耦合器N902中的发光二极管，+12V电压的波动会使光电耦合器中的发光二极管发光强度有变化，这种变化经光电耦合器中的晶体管反馈到N901的2脚形成负反馈环路，对N901产生的PWM信号进行稳压控制。

6.4.3 音频电路识图案例

1 音量控制电路的识图

图6-51为典型音量控制电路的识图分析。

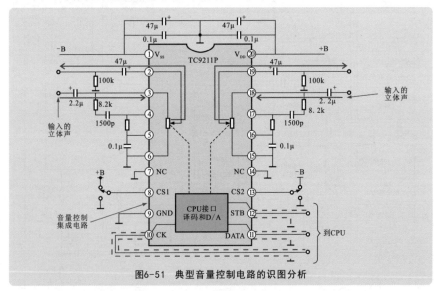

图6-51 典型音量控制电路的识图分析

TC9211P是音量控制集成电路。输入的立体声信号分别由TC9211P的3脚、18脚输入。在外部CPU的控制下对输入信号进行音量调整和控制后，由2脚、19脚输出。

CPU的控制信号（时钟、数据和待机）从10～12脚送入TC9211P中，经接口电路译码和D/A变换，变成模拟电压控制音频信号的幅度，以达到控制音量的目的。

2 彩色电视机音频电路的识图

图6-52为典型彩色电视机音频电路的识图分析。

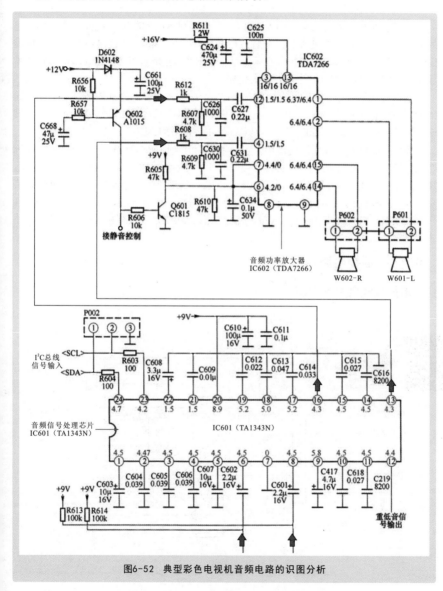

图6-52 典型彩色电视机音频电路的识图分析

图6-52所示音频电路主要由音频信号处理芯片IC601（TA1343N）、音频功率放大器IC602（TDA7266）及外围元器件构成。

由前级电视信号接收电路送来的TV音频信号分别送到音频信号处理芯片IC601（TA1343N）的6脚、8脚作为备选信号。

若AV接口电路连接外部设备，则外部音频信号也送到音频信号处理芯片IC601（TA1343N）的6脚、8脚作为备选信号。

音频信号处理芯片IC601（TA1343N）在微处理器的控制下，根据用户需求对输入的音频信号进行选择处理后，由音频信号处理芯片IC601（TA1343N）的16脚输出L声道音频信号，13脚输出R声道音频信号，12脚输出重低音信号，送往后级音频功率放大器IC602（TDA7266）中进行放大处理。

来自音频信号处理芯片IC601（TA1343N）的L、R信号分别送入音频功率放大器IC602（TDA7266）的4脚、12脚，在芯片内部放大处理后由1脚、2脚和14脚、15脚输出，经接插件P601、P602驱动扬声器W601-L、W602-R发声。

需要注意的是，在实际使用中，一般不会同时使用所有的TV或AV接口为电视机送入信号。若电视机未通过AV接口连接任何外部设备，只通过调谐器接口连接有线电视信号，则此时音频信号处理芯片IC601（TA1343N）的6脚、8脚只输入TV音频信号；若电视机通过AV接口连接DVD等设备时，则音频信号处理芯片IC601（TA1343N）的6脚、8脚只输入AV音频信号，以此类推，即只有相关接口连接设备时才会有信号输入。

6.4.4　遥控电路识图案例

1　遥控接收电路的识图

图6-53为典型空调器遥控接收电路的识图分析。

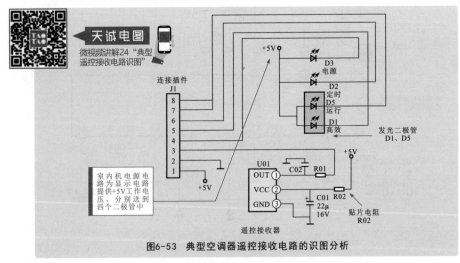

图6-53　典型空调器遥控接收电路的识图分析

遥控接收器的2脚为5V工作电压端，1脚为遥控信号输出端，3脚为接地端。

操作人员通过遥控器发送人工指令时，由遥控接收器接收该信号，经放大、滤波、整形等一系列处理变成控制信号，由1脚输出遥控信号并送往微处理器中，即为控制电路输入人工指令信号，同时控制电路输出显示驱动信号送往发光二极管中，显示变频空调器的工作状态。

发光二极管D3用来显示空调器的电源状态，D2用来显示空调器的定时状态，D5和D1分别用来显示空调器的正常运行和高效运行状态。

2 遥控发射电路的识图

图6-54为典型空调器遥控发射电路的识图分析。

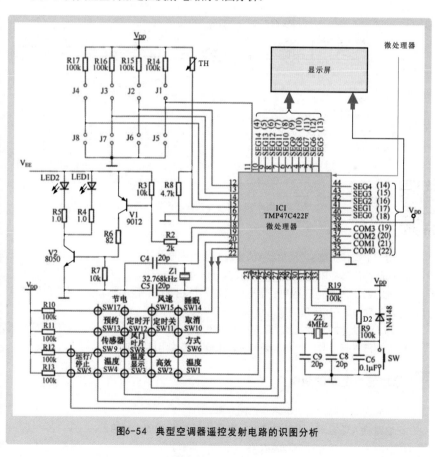

图6-54 典型空调器遥控发射电路的识图分析

遥控发射电路（遥控器）通电后，内部电路开始工作，用户通过操作按键（SW1～SW19）输入对应的人工指令。

由操作按钮输出的人工指令经微处理器处理后形成控制指令，经数字编码和调制后由19脚输出，由晶体管V1、V2放大后驱动红外发光二极管LED1和LED2，红外发光二极管LED1和LED2通过辐射窗口将控制信号发射出去，并由遥控接收电路接收信号。

6.4.5 脉冲电路识图案例

1 键控脉冲产生电路的识图

图6-55为典型键控脉冲产生电路的识图分析。

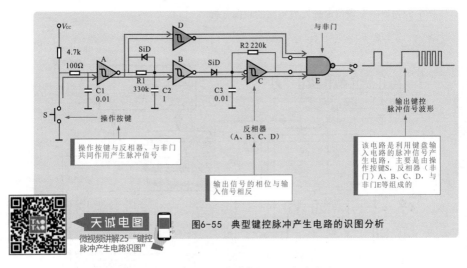

图6-55 典型键控脉冲产生电路的识图分析

微视频讲解25 "键控脉冲产生电路识图"

按动一下操作按键S，反相器A的输出端会形成启动脉冲。

启动脉冲信号经R1对C2充电，形成积分信号。

当电容器C2充电电压达到一定电压值时，反相器C开始振荡，输出端输出振荡脉冲信号，加到与非门E下端的输入引脚上。

同时，启动脉冲经反相器D后，直接加到与非门E的上端引脚上。

经与非门进行"与""非"处理后，由输出端输出键控信号。

2 脉冲延迟电路的识图

图6-56为典型脉冲延迟电路的识图分析。

在电路输入端输入一个脉冲信号，经反相器A1反相放大后输出。

该反向放大后的脉冲信号经RC积分电路产生延迟。

延迟后的脉冲信号再经反相器A2反相放大后输出，在输出端得到一个经延迟的脉冲信号。

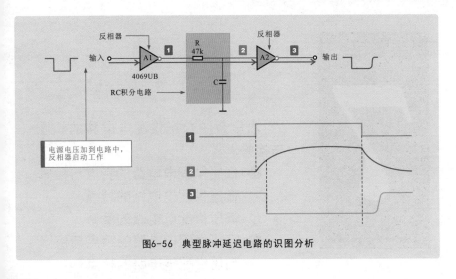

图6-56 典型脉冲延迟电路的识图分析

3 警笛信号发生器电路的识图

图6-57为典型警笛信号发生器电路的识图分析。

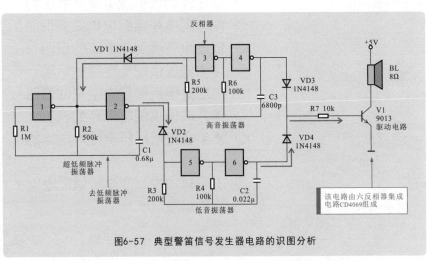

图6-57 典型警笛信号发生器电路的识图分析

在电路中，反相器1、2组成超低频脉冲振荡器，非门3、4组成高音振荡器，非门5、6组成低音振荡器。

超低频脉冲振荡器的输出通过二极管VD1、VD2控制高、低音振荡器轮流振荡，振荡信号分别经VD3、VD4后由三极管V1放大，推动扬声器发出警笛声响。

7

本章系统介绍供配电电路的识图与检修。

● 低压供配电电路的特点与检修
◇ 低压供配电电路的特点
◇ 低压供配电电路的检修
● 高压供配电电路的特点与检修
◇ 高压供配电电路的特点
◇ 高压供配电电路的检修
● 供配电电路的识图案例训练
◇ 低压动力线供配电电路的识图
◇ 低压配电柜供配电电路的识图
◇ 低压设备供配电电路的识图
◇ 楼宇低压供配电电路的识图
◇ 高压变电所供配电电路的识图
◇ 深井高压供配电电路的识图
◇ 楼宇变电所高压供配电电路的识图
◇ 工厂35kV中心变电所供配电电路的识图

第7章

供配电电路识图与检修

7.1 低压供配电电路的特点与检修

7.1.1 低压供配电电路的特点

图7-1为典型低压供配电电路的结构。低压供配电电路是指380/220V的供电和配电电路,主要实现对交流低压的传输和分配。

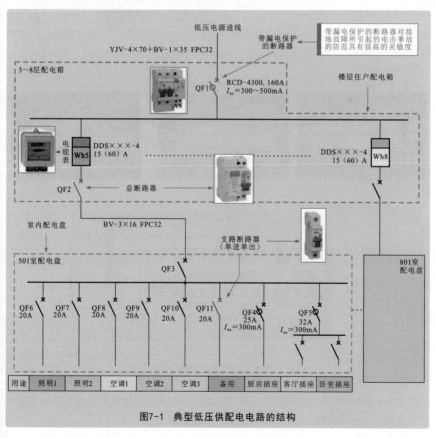

图7-1 典型低压供配电电路的结构

图7-2为典型低压供配电电路的控制关系。低压供配电电路是各种低压供配电设备按照一定的供配电控制关系连接而成，具有将供电电源向后级层层传递的特点。

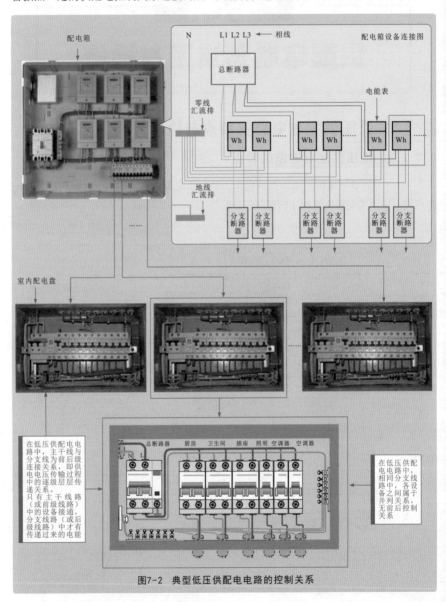

图7-2　典型低压供配电电路的控制关系

图7-3为典型入户低压供配电电路的结构。入户低压供配电电路主要用来对送入户内低电压进行传输和分配，为家庭低压用电设备供电。

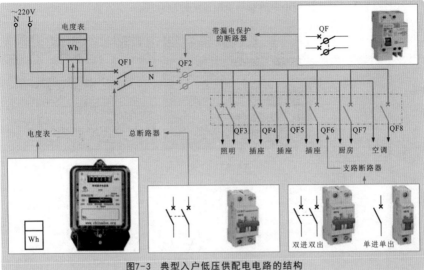

图7-3 典型入户低压供配电电路的结构

补充说明

　　在该电路系统中，低压供配电电路将交流220V电压送入用户配电箱中。闭合总断路器QF1，交流220V经电度表Wh、总断路器QF1后送入室内配电盘中。

　　闭合带漏电保护的总断路器QF2，交流220V电压经QF2后分为多条支路。

　　第1条支路经一只双进双出断路器QF3后，为室内照明电路供电。

　　第2～5条支路分别经一只单进单出断路器（QF4～QF7）后，为室内用电设备及厨房的插座供电。

　　第6条支路经一只单进单出的断路器QF8后，为空调器的插座供电。

7.1.2 | 低压供配电电路的检修

　　根据入户低压供配电电路的识读分析可知，QF1和QF2为电路的总控制部件，只有这两个部件闭合，后级电路才能够工作；QF3～QF8为电路的直流控制部件，可分别单独控制某一支路接通电源。

　　根据这种控制关系，检测入户低压供配电电路可分为总路和支路两方面进行检测，即检测电路中的总供电电流（或电压）和支路电流（或电压）。

1 检测电路总供电电流

　　在入户低压供配电电路中，总路（配电箱）是将供电电源送入各支路的必要通道，因此对总路输出的检测非常重要。

　　通常可以使用钳形表检测总路输出的电流，若输出电流正常，则说明总路部分正常，接下来可逐一检测支路部分，若无输出电流或输出电流过小，则需要逐一检测总路（配电箱）中所有部件的性能，包括电度表、总断路器QF1及前级供配电电路。

图7-4为入户低压供配电电路总供电电流的检测方法。

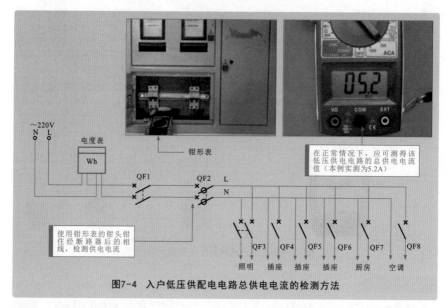

图7-4　入户低压供配电电路总供电电流的检测方法

2　检测电路支路电流

入户低压供配电电路中，每一条支路都是独立的，可由支路断路器根据需要控制通断，支路用电设备不同，支路电流也不同，可通过检测各支路电路判断支路部分是否有异常情况。检测时，一般可在室内配电盘中检测支路断路器的输出端（以照明支路为例），如图7-5所示。

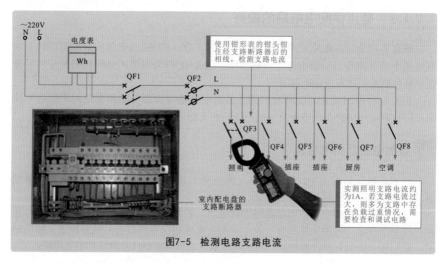

图7-5　检测电路支路电流

　　检测电路总路供电电流或支路电流，若发现实测电流过大，与实际情况不符，则可能是电路中存在负载过重或电路、负载漏电的情况。因此，检测入户低压供配电电路时，还需要对电路进行漏电检测。

　　一般可用兆欧表检测漏电，需要在电路系统处于断电的状态下进行检测。用兆欧表检测电源线的对地绝缘阻值，如图7-6所示。在正常情况下，绝缘阻值均应很大（500MΩ），否则，说明所测线路存在漏电情况。

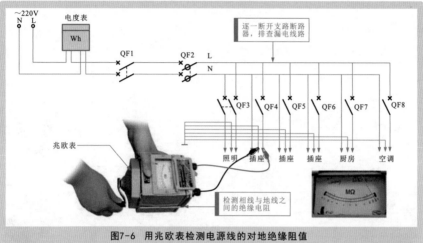

图7-6　用兆欧表检测电源线的对地绝缘阻值

◈ 补充说明

　　使用兆欧表进行漏电检测的目的是检测电路的绝缘电阻是否符合要求，操作时需要注意：

　　(1) 使用兆欧表检测电路是否存在漏电情况时，应将被测电路的电源断开，经验电证明，设备确实无电且无人工作后方可进行。在测量中禁止他人接近被测设备。

　　(2) 操作兆欧表时，两根测量导线不能连接在一起。

　　另外，除上述方法外，还可以使用钳形漏电电流表检测低压供配电电路的支路中是否存在漏电电流，如图7-7所示。

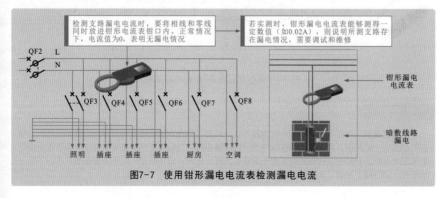

图7-7　使用钳形漏电电流表检测漏电电流

7.2 高压供配电电路的特点与检修

7.2.1 高压供配电电路的特点

高压供配电电路是指6～10kV的供电和配电电路，主要实现将电力系统中35～110kV的供电电压降低为6～10kV的高压配电电压，并供给高压配电所、车间变电所和高压用电设备等。图7-8为典型高压供配电电路的结构。

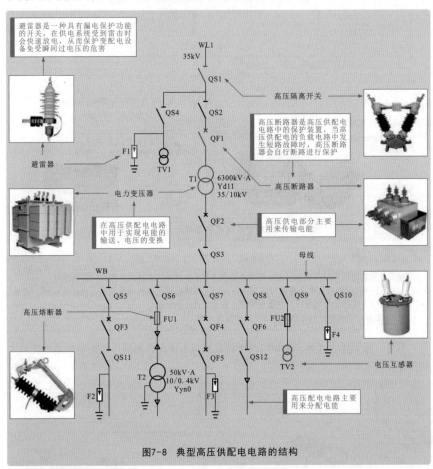

图7-8 典型高压供配电电路的结构

⚡ 补充说明

单线连接表示高压电气设备的一相连接方式，而另外两相则被省略，这是因为三相高压电气设备中三相接线方式相同，即其他两相接线与这一相接线相同。这种高压供配电电路的单线电路图主要用于供配电电路的规划与设计以及有关电气数据的计算、选用、日常维护、切换回路等的参考，了解一相电路，就等同于知道了三相电路的结构组成等信息。

7.2.2 | 高压供配电电路的检修

根据典型高压供配电电路的识读分析可知，该电路用于将35～110kV的高压降压、传输和分配。根据这一供电特点和电压数值，检测公共高压供配电电路也主要通过电路本身的计量设备，如电压互感器等监测电路中的状态。

图7-9为典型公共高压供配电电路的检测方法。

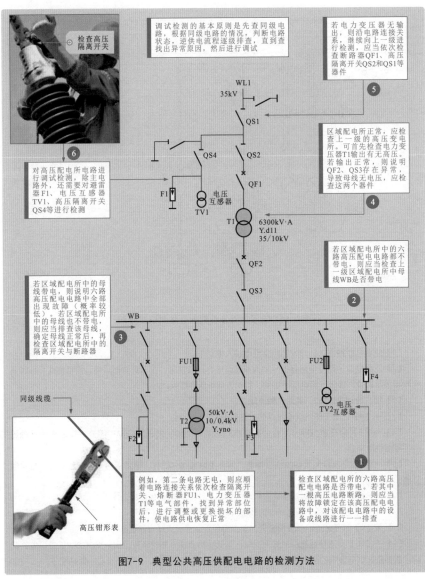

图7-9 典型公共高压供配电电路的检测方法

7.3 供配电电路的识图案例训练

7.3.1 低压动力线供配电电路的识图

　　低压动力线供配电电路是用于为低压动力用电设备提供380V交流电源的电路。图7-10为低压动力线供配电电路的识图分析。

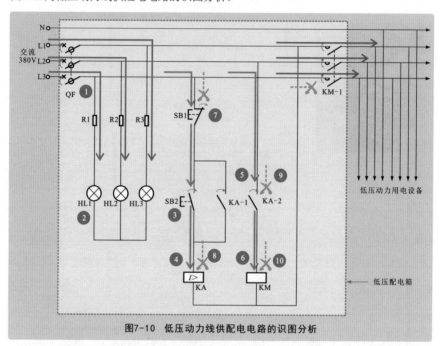

图7-10　低压动力线供配电电路的识图分析

　　【1】闭合总断路器QF，380V三相交流电接入电路中。

　　【2】三相电源分别经电阻器R1～R3为指示灯HL1～HL3供电，指示灯全部点亮。指示灯HL1～HL3具有断相指示功能，任何一相电压不正常，其对应的指示灯熄灭。

　　【3】按下启动按钮SB2，其常开触点闭合。

　　【3】→【4】过电流保护继电器KA的线圈得电。

　　【4】→【5】常开触点KA-1闭合，实现自锁功能。同时，常开触点KA-2闭合，接通交流接触器KM的线圈供电电路。

　　【5】→【6】交流接触器KM的线圈得电，常开主触点KM-1闭合，电路接通，为低压用电设备接通交流380V电源。

　　【7】当不需要为动力设备提供交流供电电压时，可按下停止按钮SB1。

　　【7】→【8】过电流保护继电器KA的线圈失电。

　　【8】→【9】常开触点KA-1复位断开，解除自锁。常开触点KA-2复位断开。

　　【9】→【10】交流接触器KM的线圈失电，常开主触点KM-1复位断开，切断交流380V低压供电。此时，该低压配电电路中的配电箱处于准备工作状态，指示灯仍点亮，为下一次启动做好准备。

7.3.2 低压配电柜供配电电路的识图

低压配电柜供配电电路主要用来对低电压进行传输和分配，为低压用电设备供电。在该电路中，一路作为常用电源，另一路则作为备用电源，当两路电源均正常时，黄色指示灯HL1、HL2均点亮，若指示灯HL1不能正常点亮，则说明常用电源出现故障或停电，此时需要使用备用电源进行供电，使该低压配电柜能够维持正常工作。图7-11为低压配电柜供配电电路的识图分析。

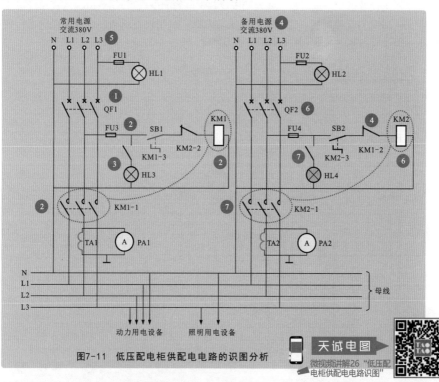

图7-11 低压配电柜供配电电路的识图分析

微视频讲解26 "低压配电柜供配电电路识图"

【1】HL1亮，常用电源正常。合上断路器QF1，接通三相电源。

【2】接通开关SB1，交流接触器KM1的线圈得电。

【3】KM1的常开触点KM1-1接通，向母线供电；常闭触点KM1-2断开，防止备用电源接通，起联锁保护作用；常开触点KM1-3接通，红色指示灯HL3点亮。

【4】常用电源供电电路正常工作时，KM1的常闭触点KM1-2处于断开状态，因此备用电源不能接入母线。

【5】当常用电源出现故障或停电时，交流接触器KM1的线圈失电，常开、常闭触点复位。

【6】此时接通断路器QF2、开关SB2，交流接触器KM2的线圈得电。

【7】KM2的常开触点KM2-1接通，向母线供电；常闭触点KM2-2断开，防止常用电源接通，起联锁保护作用；常开触点KM2-3接通，红色指示灯HL4点亮。

📂 补充说明

当常用电源恢复正常后，由于交流接触器KM2的常闭触点KM2-2处于断开状态，因此，交流接触器KM1的线圈不能得电，常开触点KM1-1不能自动接通，此时需要断开开关SB2使交流接触器KM2的线圈失电，常开、常闭触点复位，为交流接触器KM1的线圈再次工作提供条件，此时再操作SB1才起作用。

7.3.3 低压设备供配电电路的识图

低压设备供配电电路是一种为低压设备供电的配电电路，6～10kV的高压经降压器变压后变为交流低压，经开关为低压动力柜、照明设备或动力设备等提供工作电压。图7-12为低压设备供配电电路的识图分析。

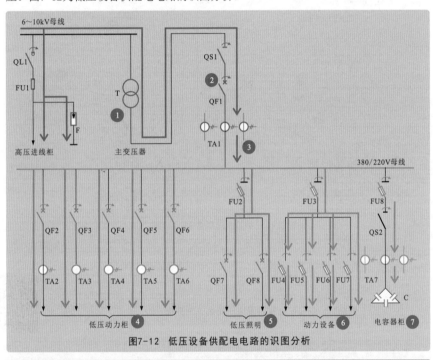

图7-12 低压设备供配电电路的识图分析

【1】6～10kV高压送入电力变压器T的输入端。电力变压器T输出端输出380/220V低压。

【2】合上隔离开关QS1、断路器QF1后，380/220V低压经QS1、QF1和电流互感器TA1送入380/220V母线中。

【3】380/220V母线上接有多条支路。

【3】→【4】合上断路器QF2～QF6后，380/220V电压经QF2～QF6、电流互感器TA2～TA6为低压动力柜供电。

【3】→【5】合上熔断器式隔离开关FU2、断路器QF7/QF8，380/220V电压经FU2、QF7/QF8为低压照明电路供电。

【3】→【6】合上熔断器式隔离开关FU3～FU7，380/220V电压经FU3、FU4～FU7为动力设备供电。

【3】→【7】合上熔断器式隔离开关FU8和隔离开关QS2，380/220V电压经FU8、QS2和电流互感器TA7为电容器柜供电。

7.3.4 楼宇低压供配电电路的识图

楼宇低压供配电电路是一种典型的低压供配电电路，一般由高压供配电电路经变压器降压后引入，经小区中的配电柜进行初步分配后，送到各个住宅楼单元中为住户供电，同时为整个楼宇内的公共照明、电梯、水泵等设备供电。图7-13为典型楼宇低压供配电电路的识图分析。

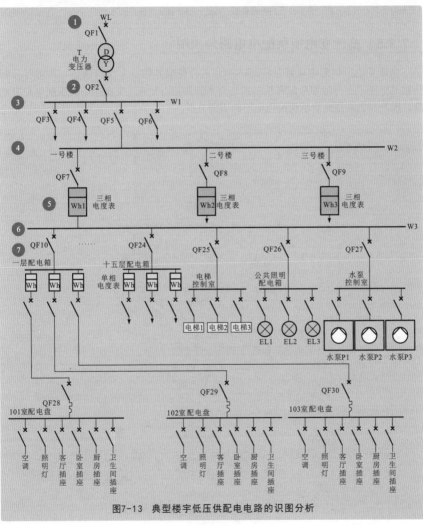

图7-13 典型楼宇低压供配电电路的识图分析

【1】高压配电电路经电源进线口WL后，送入小区低压配电室的电力变压器T中。

【2】变压器降压后输出380/220V电压，经小区内总断路器QF2后送到母线W1上。

【3】经母线W1后分为多个支路，每个支路可作为一个单独的低压供电电路使用。

【4】其中一条支路低压加到母线W2上，分为3路分别为小区中一号楼至三号楼供电。

【5】每一路上安装有一只三相电度表，用于计量每栋楼的用电总量。

【6】由于每栋楼有16层，除住户用电外，还包括电梯用电、公共照明等用电及供水系统的水泵用电等。小区中的配电柜将供电电路送到楼内配电间后，分为18个支路。15个支路分别为15层住户供电，另外3个支路分别为电梯控制室、公共照明配电箱和水泵控制室供电。

【7】每个支路首先经过一个支路总断路器后，再进行分配。以一层住户供电为例，低压经支路总断路器QF10分为三路，分别经三只电能表后，由进户线送至三个住户室内。

7.3.5 | 高压变电所供配电电路的识图

高压变电所供配电电路是将35kV电压进行传输并转换为10kV高压，再进行分配传输的电路，在传输和分配高压电的场合十分常见，如高压变电站、高压配电柜等电路。图7-14为高压变电所供配电电路的识图分析。

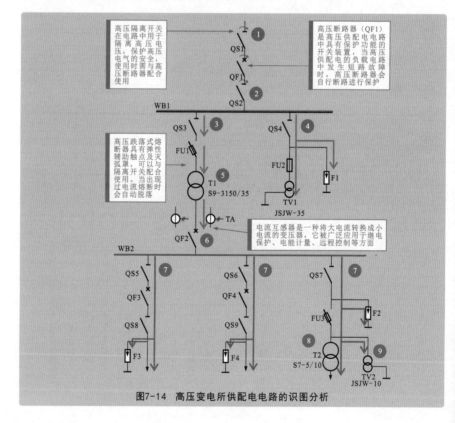

图7-14 高压变电所供配电电路的识图分析

【1】35kV电源电压经高压架空电路引入后，送至高压变电所供配电电路中。

【2】依次接通高压隔离开关QS1、高压断路器QF1、高压隔离开关QS2后，35kV电压加到母线WB1上，为母线WB1提供35kV电压。

【3】35kV电压经母线WB1后，分为两路。一路经高压隔离开关QS3、高压跌落式熔断器FU1后送至电力变压器T1。

【4】另一路经高压隔离开关QS4后，连接高压熔断器FU2、电压互感器TV1以及避雷器F1等高压设备。

【5】电力变压器T1将35kV高压降为10kV，再经电流互感器TA、高压断路器QF2后加到母线WB2上。

【6】10kV电压加到母线WB2后分为三条支路。

【7】第一条支路和第二条支路相同，均经高压隔离开关、高压断路器后送出，并在电路中安装有避雷器。

【8】第三条支路首先经高压隔离开关QS7、高压跌落式熔断器FU3，送至电力变压器T2上，经电力变压器T2降为0.4kV电压后输出。

【9】在电力变压器T2前部安装有电压互感器TV2，由电压互感器测量配电电路中的电压。

7.3.6 深井高压供配电电路的识图

深井高压供配电电路是一种应用在矿井、深井等工作环境下的高压供配电电路，在电路中使用高压隔离开关、高压断路器等对电路的通断进行控制，母线可以将电源分为多路，为各设备提供工作电压。图7-15为深井高压供配电电路的识图分析。

【1】1号电源进线中，合上QS1和QS3，接着闭合高压断路器QF1，再合上高压隔离开关QS6，35～110kV电源电压送入电力变压器T1的输入端。

【2】2号电源进线中，合上QS2和QS4，接着闭合高压断路器QF2，再合上高压隔离开关QS9，35～110kV电源电压送入电力变压器T2的输入端。

【3】1号电源进线中，电力变压器T1的输出端输出6～10kV的高压。

【4】合上高压隔离开关QS11、高压断路器QF4后，6～10kV高压送入6～10kV母线中。

【5】经母线后，该电压分为多路，分别为主/副提升机、通风机、空压机、变压器和避雷器等设备供电，每个分支中都设有控制开关（变压隔离开关），便于进行供电控制。

【6】最后一路经高压隔离开关QS19、高压断路器QF11以及电抗器L1后，送入井下主变电所中。

【7】2号电源进线中，电力变压器T2的输出端输出6～10kV的高压。合上高压隔离开关QS12和高压断路器QF5后，6～10kV高压送入6～10kV母线中。该母线的电源分配方式与前述的1号电源的分配方式相同。

【8】经高压隔离开关QS22、高压断路器QF13以及电抗器L2后，为井下主变电所供电。

【9】由6～10kV母线送来的高压，再送入6～10kV子线中，再由子线对主水泵和低压设备供电。其中一路直接为主水泵进行供电，另一路作为备用电源。还有一路经电力变压器T4后，变为0.4kV（380V）低压，为低压动力设备进行供电。最后一路经高压断路器QF19和电力变压器T5后，变为0.69kV低压，为开采区低压负载设备进行供电。

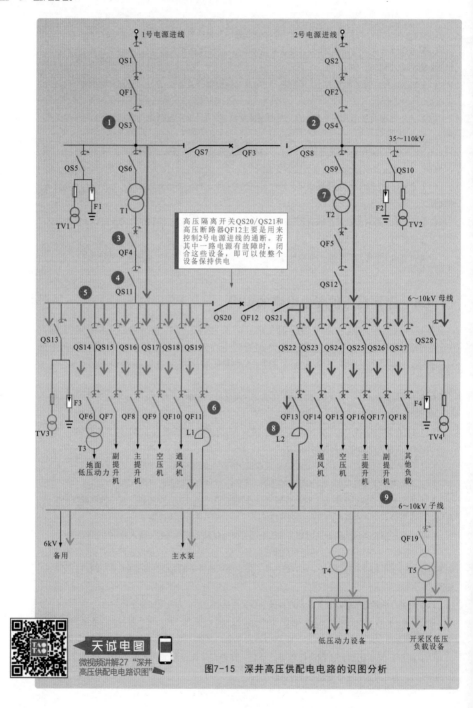

高压隔离开关QS20/QS21和
高压断路器QF12主要是用来
控制2号电源进线的通断。若
其中一路电源有故障时，闭
合这些设备，即可以使整个
设备保持供电

图7-15　深井高压供配电电路的识图分析

天诚电图
微视频讲解27 "深井
高压供配电电路识图"

7.3.7 | 楼宇变电所高压供配电电路的识图

　　楼宇变电所高压供配电电路应用在高层住宅小区或办公楼中，其内部采用多个高压开关设备对线路的通、断进行控制，从而为高层的各个楼层供电。图7-16为楼宇变电所高压供配电电路的识图分析。

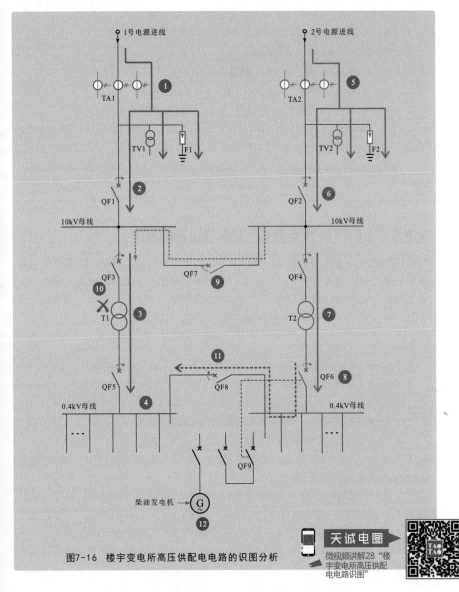

图7-16　楼宇变电所高压供配电电路的识图分析

天诚电图

微视频讲解28 "楼宇变电所高压供配电电路识图"

【1】10kV高压经电流互感器TA1送入，在进线处安装有电压互感器TV1和避雷器F1。

【2】合上高压断路器QF1和QF3，10kV高压经母线后送入电力变压器T1的输入端。

【3】电力变压器T1输出端输出0.4kV低压。

【4】合上低压断路器QF5后，0.4kV低压为用电设备进行供电。

【5】10kV高压经电流互感器TA2送入，在进线处安装有电压互感器TV2和避雷器F2。

【6】合上高压断路器QF2和QF4，10kV高压经母线后送入电力变压器T2的输入端。

【7】电力变压器T2输出端输出0.4kV低压。

【8】合上低压断路器QF6后，0.4kV低压为用电设备进行供电。

【9】若1号电源电路出现问题，可闭合QF7，由2号电源电路进行供电。

【10】当1号电源电路中的电力变压器T1出现故障后，1号电源电路停止工作。

【11】合上低压断路器QF8，由2号电源电路输出的0.4kV电压便会经QF8为1号电源电路中的负载设备供电，以维持其正常工作。

【12】在该电路中还设有柴油发电机G。在两路电源均出现故障后，则可启动柴油发电机，进行临时供电。

7.3.8 | 工厂35kV中心变电所供配电电路的识图

工厂35kV中心变电所供配电电路适用于高压电力的传输，可将35kV的高压电经变压器后变为10kV电压，再送往各个车间的10kV变电室中，为车间动力、照明及电气设备供电；再将10kV电压降到380/220V，送往办公室、食堂、宿舍等公共用电场所。图7-17为工厂35kV中心变电所供配电电路的识图分析。

【1】35kV经高压断路器QF1和高压隔离开关QS5后送入电力变压器T1的35kV输入端。

【2】电力变压器T1的输出端输出10kV的电压。

【3】由电力变压器T1输出的10kV电压经电流互感器TA3后，送入后级电路中。

【4】先经高压隔离开关QS7、高压断路器QF3和电流互感器TA5后送入车间中。

【5】一车间供电电路经高压隔离开关QS8和高压断路器QF4后，送入一车间的10kV变电室中。

【6】10kV电压经电力变压器T3后，将电压变为380V的低压。再经低压隔离开关QS14、低压断路器QF10和电流互感器TA12后分为三路。

【7】一路经低压隔离开关QS15、低压断路器QF11和电流互感器TA13为办公室供电。

【8】另一路经低压隔离开关QS16、低压断路器QF12和电流互感器TA14为食堂供电。

【9】最后一路经低压隔离开关QS17、低压断路器QF13和电流互感器TA15为宿舍供电。

【10】A、B两条线路在正常运行时可作为独立的两条供电线路。当某一条线路故障时，可闭合QS，使其作为备用供电线路使用。

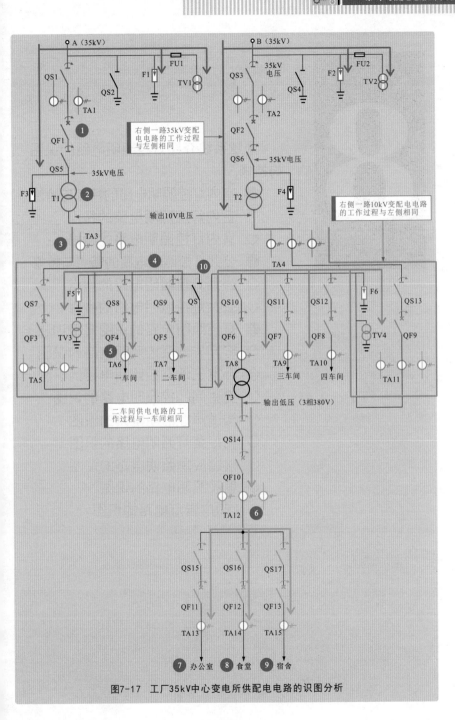

图7-17 工厂35kV中心变电所供配电电路的识图分析

8

　　本章系统介绍灯控照明电路的识图
与检修。

● 室内灯控照明电路的特点与检修
◇ 室内灯控照明电路的特点
◇ 室内灯控照明电路的检修
● 公共灯控照明电路的特点与检修
◇ 公共灯控照明电路的特点
◇ 公共灯控照明电路的检修
● 灯控照明电路的识图案例训练
◇ 客厅异地联控照明电路的识图
◇ 卧室三地联控照明电路的识图
◇ 卫生间门控照明电路的识图
◇ 楼道声控照明电路的识图
◇ 光控路灯照明电路的识图
◇ 楼道应急照明电路的识图
◇ 景观照明电路的识图
◇ LED广告灯电路的识图

第8章
灯控照明电路识图与检修

8.1 室内灯控照明电路的特点与检修

8.1.1 室内灯控照明电路的特点

图8-1为典型室内灯控照明电路的结构。室内灯控照明电路一般应用在室内自然光线不足的情况下，主要由控制开关和照明灯具等构成。

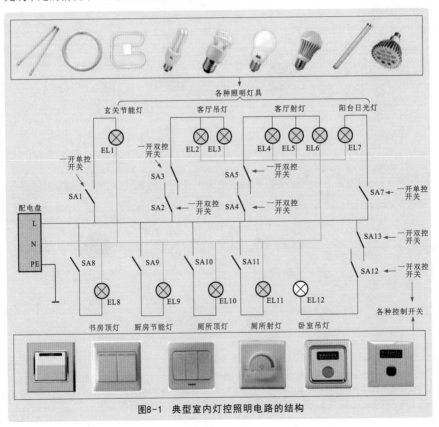

图8-1 典型室内灯控照明电路的结构

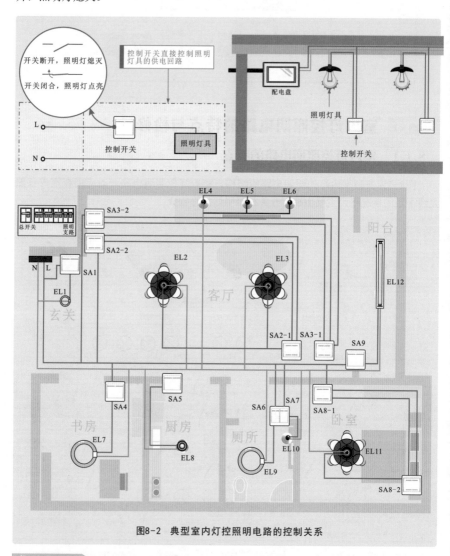

图8-2为典型室内灯控照明电路的控制关系。室内灯控照明电路主要由各种照明控制开关控制照明灯具的亮、灭；控制开关闭合或接通，照明灯点亮；控制开关断开，照明灯熄灭。

图8-2　典型室内灯控照明电路的控制关系

◆ 补充说明

　　电路中，每一盏或每一组照明灯具均由相应的照明控制开关控制。当操作控制开关闭合时，照明灯具接通电源点亮。例如，书房顶灯EL7受控制开关SA4控制，当SA4断开时，照明灯具无电源供电，处于熄灭状态；当按动SA4，其内部触点闭合，书房顶灯EL7接通供电电源点亮。

图8-3为触摸延时照明控制电路的结构组成。由图8-3可知，触摸延时照明控制电路主要是由桥式整流堆VD1～VD4、触摸延时开关A、三极管V1/V2、单向晶闸管VT、电解电容器C、电阻器R1～R5、照明灯EL等构成的。

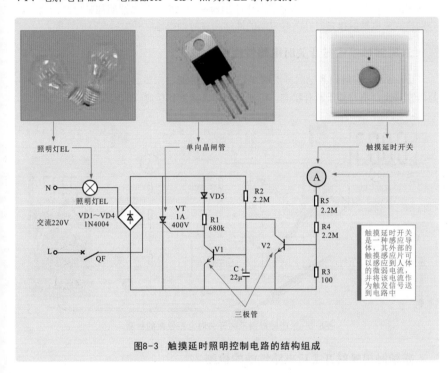

图8-3　触摸延时照明控制电路的结构组成

在使用触摸延时开关时，只需轻触一下触摸部件即可导通，且在延时一段时间后自动关闭，既方便操控，又节能环保，同时也可有效延长照明灯的使用寿命。

触摸延时开关实际上就是一种触摸元件，工作原理示意图如图8-4所示。在电路中，触摸元件的引脚端经电阻器R接入照明控制电路。当用手碰触触摸元件时，人体感应信号相当于一个触发信号。

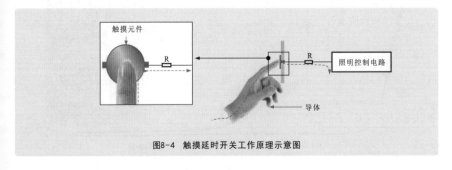

图8-4　触摸延时开关工作原理示意图

8.1.2 | 室内灯控照明电路的检修

　　检测室内灯控照明电路时，可根据电路的控制关系，借助万用表测量电路在不同状态下的性能是否正常，进而完成对电路的检修。以触摸延时照明控制电路为例，可分别检测未碰触触摸延时开关时电路的性能和碰触触摸延时开关后电路的性能。

1 未碰触触摸延时开关时电路性能的检测

　　图8-5为未碰触触摸延时开关时电路性能的检测。未碰触触摸延时开关时，单向晶闸管截止，电路处于断开状态。可使用万用表检测各检测点的电压值是否正常。

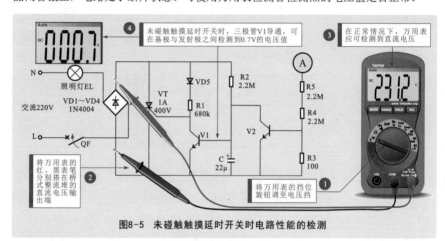

图8-5　未碰触触摸延时开关时电路性能的检测

2 碰触触摸延时开关后电路性能的检测

　　图8-6为碰触触摸延时开关后电路性能的检测。

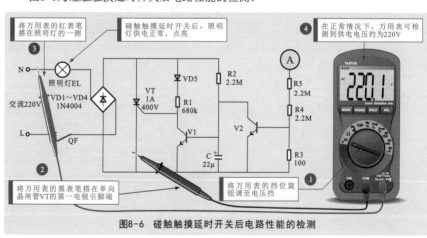

图8-6　碰触触摸延时开关后电路性能的检测

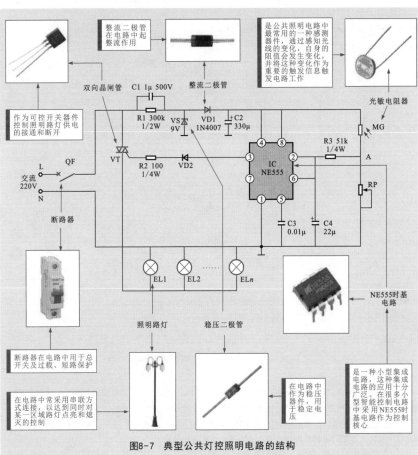

8.2 公共灯控照明电路的特点与检修

8.2.1 公共灯控照明电路的特点

图8-7为典型公共灯控照明电路的结构。公共灯控照明电路一般应用在公共环境下，如室外景观、路灯、楼道照明等。这类照明控制线路的结构组成较室内照明控制电路复杂，通常由小型集成电路负责电路控制，具备一定的智能化特点。

图8-7 典型公共灯控照明电路的结构

> **补充说明**
>
> 图8-7所示公共灯控照明电路是由多盏路灯、总断路器QF、双向晶闸管VT、控制芯片（NE555时基电路）、光敏电阻器MG等构成的。
> 公共灯控照明电路大多是依靠由自动感应部件、触发控制部件等组成的触发控制电路进行控制的。其中控制核心多采用NE555时基电路。NE555时基电路有多个引脚，可将输入的信号进行处理后输出。

　　图8-8为公共灯控照明电路的控制关系。公共灯照明电路中照明灯具的状态直接由控制电路板或控制开关来控制。当控制电路板动作或控制开关闭合时，照明灯具接入供电回路，点亮；当控制电路板无动作或控制开关断开时，照明灯具与供电回路断开，熄灭。

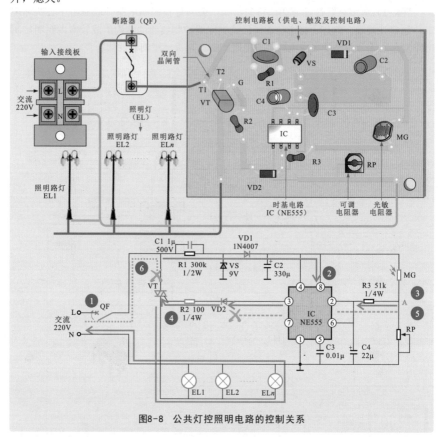

图8-8　公共灯控照明电路的控制关系

　　【1】合上供电线路中的断路器QF，接通交流220V电源。该电压经整流和滤波电路后，输出直流电压为电路时基集成电路IC（NE555）供电，进入准备工作状态。

　　【2】当夜晚来临时，光照强度逐渐减弱，光敏电阻器MG的阻值逐渐增大。其压降升高，分压点A点电压降低，加到时基集成电路IC的2、6脚的电压变为低电平。

　　【3】时基集成电路IC的2、6脚为低电平（低于$1/3V_{DD}$）时，内部触发器翻转，其3脚输出高电平，二极管VD2导通，并触发晶闸管VT导通，照明灯形成供电回路，照明路灯EL1～ELn同时点亮。

　　【4】当第二天黎明来临时，光照强度越来越高，光敏电阻器MG的阻值逐渐减小。光敏电阻器MG分压后，加到时基集成电路IC的2、6脚上的电压又逐渐升高。

　　【5】当IC的2脚电压上升至大于$2/3V_{DD}$，6脚电压也大于$2/3V_{DD}$时，IC内部触发器再次翻转，IC的3脚输出低电平，二极管VD2截止，晶闸管VT截止。

　　【6】晶闸管VT截止，照明路灯EL1～ELn供电回路被切断，所有照明路灯同时熄灭。

图8-9为NE555时基电路的内部结构。NE555时基电路用字母IC标识，内部设有比较器、缓冲器和触发器。2脚、6脚、3脚为关键的输入端和输出端。3脚输出电压的高、低受触发器的控制，触发器受2脚和6脚触发输入端的控制。

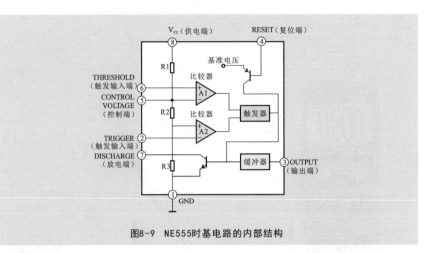

图8-9　NE555时基电路的内部结构

补充说明

　　比较器A1的反相输入端（5脚）接在R1与R2之间，电压为2/3Vcc，若使比较器A1输出高电平，则A1的同相输入端（6脚）电压应高于反相输入端（5脚）电压；比较器A2的同相输入端接在R2与R3之间，电压为1/3Vcc，若使比较器A2输出高电平，则A2的反相输入端（2脚）电压应低于1/3Vcc。

　　因此，在一般情况下，NE555时基电路的2脚电压低于1/3Vcc，即有低电平触发信号加入时，会使输出端3脚输出高电平；当2脚电压高于1/3Vcc，6脚电压高于2/3Vcc时，输出端3脚输出低电平。

　　NE555时基电路的4脚为复位端。当4脚电压低于0.4V时，不管2脚、6脚状态如何，3脚都输出低电平。

　　NE555时基电路的7脚为放电端，与3脚输出同步，输出电平一致，但7脚并不输出电流。

　　例如，在一些可实现自动触发的电路中，可通过将传感器自动感测的信号送入NE555时基电路的触发输入端来决定3脚的输出情况。

　　在一些电路中，由于NE555外接电容器的充、放电过程延长了3脚输出高电平或低电平的时间，因此可用在需要延时一段时间后才自动熄灭的照明控制电路中。

8.2.2 公共灯控照明电路的检修

1 在光线较强的环境下电路性能的检测

　　首先在光线较强的环境下，借助万用表检测电路中主要元器件的供电电压、导通状态等。

　　图8-10为在光线较强的环境下电路性能的检测。

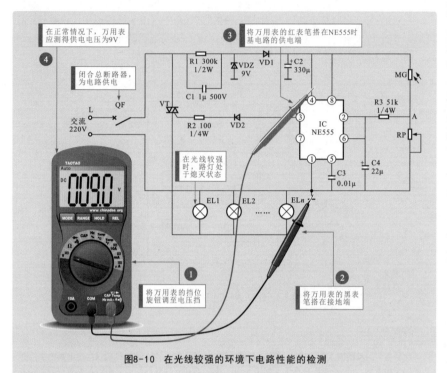

图8-10 在光线较强的环境下电路性能的检测

📖 补充说明

　　在光线较强的环境下,除了检测NE555时基电路的供电电压,还应进一步检测其输入/输出电压是否正常。当IC的3脚输出高电平时,VD2导通,VT被触发;当IC的3脚输出低电平时,VD2截止,起到隔离作用。图8-11为IC输入/输出电压的检测。

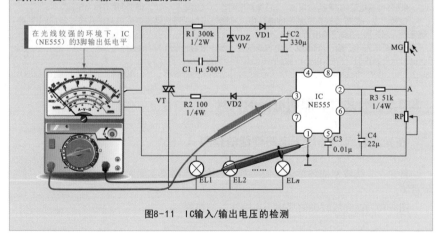

图8-11 IC输入/输出电压的检测

2 在光线较弱的环境下电路性能的检测

在光线较弱的环境下，可借助万用表检测路灯是否正常点亮、主要元器件的导通状态是否正常。

图8-12为在光线较弱的环境下电路性能的检测。

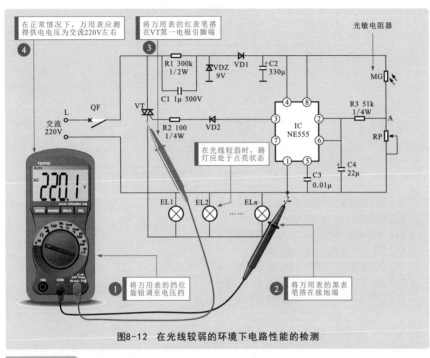

图8-12 在光线较弱的环境下电路性能的检测

补充说明

在小区路灯照明控制电路中，光敏电阻器MG是主要的控制元器件之一，若电路供电正常，则还需要检测光敏电阻器。通常使用万用表检测光敏电阻器在不同光线下的阻值变化情况，如图8-13所示。在正常情况下，当光线较强时，其阻值较小；当光线较弱时，其阻值较大。

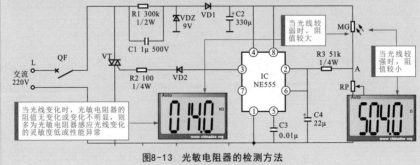

图8-13 光敏电阻器的检测方法

163

8.3 灯控照明电路的识图案例训练

8.3.1 客厅异地联控照明电路的识图

客厅异地联控照明电路主要由两个一开双控开关和一盏照明灯构成，可实现家庭客厅照明灯的两地控制。图8-14为客厅异地联控照明电路的识读分析。

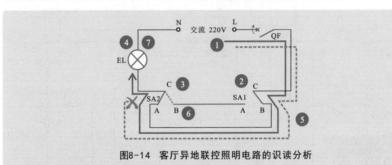

图8-14　客厅异地联控照明电路的识读分析

【1】合上断路器QF，接通220V电源。
【2】按动开关SA1，内部触点B-C接通。
【3】开关SA2内部触点A-C已经处于接通状态。
【4】照明灯EL点亮，为室内提供照明。
【5】当需要照明灯熄灭时，按动任意开关（以SA2为例）。
【6】按动开关SA2，内部触点B-C接通、A-C断开。
【7】照明灯EL熄灭，停止为室内提供照明。

8.3.2 卧室三地联控照明电路的识图

卧室三地联控照明电路主要由两个一开双控开关、一个双控联动开关和一盏照明灯构成，可实现卧室内照明灯床头两侧和进门处的三地控制。图8-15为卧室三地联控照明电路的识读分析。

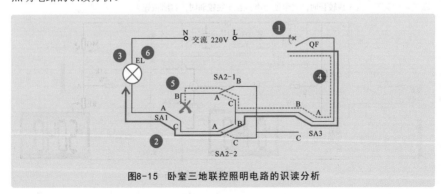

图8-15　卧室三地联控照明电路的识读分析

【1】合上断路器QF，接通220V电源。

【2】按动开关，以SA1为例，A-C触点接通。

【3】电源经SA3的A-B触点、SA2-2的A-B触点和SA1的A-C触点后与照明灯EL形成回路，照明灯点亮。

【4】当需要照明灯熄灭时，按动任意开关（以SA2为例）。

【5】按动双控联动开关SA2，内部SA2-1、SA2-2触点A-C接通、A-B断开。

【6】照明灯EL熄灭，停止为室内提供照明。

8.3.3 卫生间门控照明电路的识图

卫生间门控照明电路主要由各种电子元器件构成的控制电路和照明灯构成，该电路是一种自动控制照明灯工作的电路。在有人开门进入卫生间时，照明灯自动点亮；当有人走出卫生间时，照明灯自动熄灭。图8-16为卫生间门控照明电路的识读分析。

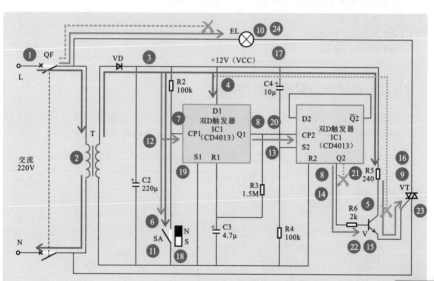

图8-16 卫生间门控照明电路的识读分析

微视频讲解29 "卫生间门控照明电路识图"

【1】合上断路器QF，接通220V电源。

【2】交流220V电压经变压器T进行降压。

【3】降压后的交流电压经整流二极管VD整流和滤波电容器C2滤波后，变为12V左右的直流电压。

【3】→【4】+12V的直流电压为双D触发器IC1的D1端供电。

【3】→【5】12V的直流电压为三极管V的集电极进行供电。

【6】门在关闭时，磁控开关SA处于闭合的状态。

【7】双D触发器IC1的CP1端为低电平。

【4】+【7】→【8】双D触发器IC1的Q1和Q2端输出低电平。

【9】三极管V和双向晶闸管VT均处于截止状态。

【10】照明灯EL不亮。

【11】当有人进入卫生间时，门被打开并关闭，磁控开关SA断开后又接通。

【12】双D触发器IC1的CP1端产生一个高电平的触发信号。

【13】双D触发器IC1的Q1端输出高电平送入CP2端。

【14】双D触发器IC1内部受触发而翻转，Q2端也输出高电平。

【15】三极管V导通为双向晶闸管VT门极提供启动信号。

【16】双向晶闸管VT导通。

【17】照明灯EL点亮。

【18】当有人走出卫生间时，门被打开并关闭，磁控开关SA断开后又接通。

【19】双D触发器IC1的CP1端产生一个高电平的触发信号。

【20】双D触发器IC1的Q1端输出高电平送入CP2端。

【21】双D触发器IC1内部受触发而翻转，Q2端输出低电平。

【22】三极管V截止。

【23】双向晶闸管VT截止。

【24】照明灯EL熄灭。

8.3.4 楼道声控照明电路的识图

声控照明电路主要由声音感应器件、控制电路和照明灯等构成，通过声音和控制电路控制照明灯具的点亮和延时自动熄灭。图8-17为楼道声控照明电路的识读分析。

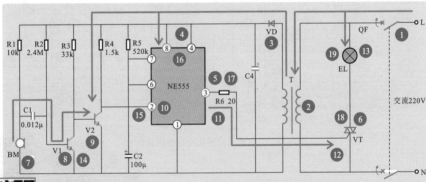

微视频讲解30 "楼道声控照明电路识图"

图8-17 楼道声控照明电路的识读分析

【1】合上断路器QF，接通220V电源。

【2】交流220V电压经变压器T进行降压。

【3】低压交流电压经VD整流和C4滤波后变为直流电压。

【4】直流电压为NE555时基电路的8脚提供工作电压。

【5】无声音时，NE555时基电路的2脚为高电平、3脚输出低电平。

【6】双向晶闸管VT截止。

【7】有声音时，传声器BM将声音信号转换为电信号。

【8】该信号送往V1，由V1对信号进行放大。

【9】放大信号再送往V2，输出放大后的音频信号。

【10】V2将音频信号加到NE555时基电路的2脚。

【11】NE555时基电路的3脚输出高电平。

【12】VT导通。

【13】照明灯EL点亮。

【14】声音停止后，晶体管V1和V2处于放大等待状态。

【15】由于电容器C2的充电过程，NE555时基电路的6脚电压逐渐升高。

【16】当电压升高到一定值后（8V以上，2/3供电电压），NE555时基电路内部复位。

【17】复位后，NE555时基电路的3脚输出低电平。

【18】双向晶闸管VT截止。

【19】照明灯EL熄灭。

8.3.5 │ 光控路灯照明电路的识图

光控路灯照明电路主要由光敏电阻器及外围电子元器件构成的控制电路和路灯构成。该电路可自动控制路灯的工作状态。白天光照较强时，路灯不工作；夜晚降临或光照较弱时，路灯自动点亮。图8-18为光控路灯照明电路的识读分析。

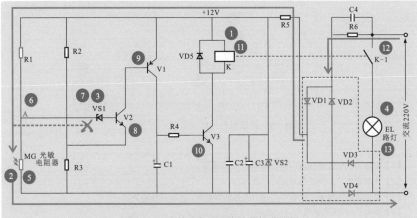

图8-18 光控路灯照明电路的识读分析

【1】交流220V电压经桥式整流电路VD1～VD4整流、稳压二极管VS2稳压后，输出+12V直流电压。

【2】白天时，光敏电阻器MG受强光照射呈低阻状态。

【3】由光敏电阻器MG、电阻器R1形成分压电路，电阻器R1上的压降较高，分压点A点电压偏低。

【4】稳压二极管VS1无法导通，晶体管V2、V1、V3均截止，继电器K不吸合，路灯EL不亮。

【5】夜晚时，光照强度减弱，光敏电阻器MG阻值增大。

【6】MG阻值增大，电阻器R1上的压降降低，分压点A点电压升高。

【7】稳压二极管VS1导通。

【8】晶体管V2导通。

【9】晶体管V1导通。

【10】晶体管V3导通。

【11】继电器K的线圈得电。

【12】常开触点K-1闭合。

【13】路灯EL点亮。

8.3.6 | 楼道应急照明电路的识图

楼道应急照明电路主要由应急灯和控制电路构成。该电路是指在市电断电时自动为应急照明灯供电的控制电路。当市电供电正常时，应急照明灯自动控制电路中的蓄电池充电；当市电停止供电时，蓄电池为应急照明灯供电，应急照明灯点亮，进行应急照明。图8-19为楼道应急照明电路的识读分析。

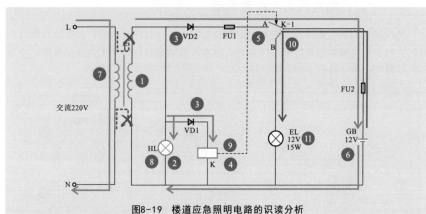

图8-19 楼道应急照明电路的识读分析

【1】交流220V电压经变压器T降压后输出交流低压。

【2】正常状态下，待机指示灯HL点亮。

【3】交流低压经整流二极管VD1、VD2变为直流电压，为后级电路供电。

【4】继电器K的线圈得电。

【5】继电器的触点K-1与A点接通。

【6】蓄电池GB充电。

【7】当交流220V电源断开后，变压器T无感应电压。

【7】→【8】待机指示灯HL熄灭。

【7】→【9】继电器K的线圈失电。

【10】继电器的触点K-1与B点接通。

【11】蓄电池GB为应急照明灯EL供电，EL点亮。

8.3.7 景观照明电路的识图

景观照明电路是指应用在一些观赏景点或广告牌上，或者用在一些比较显著的位置上，用来设置观赏或提示功能的公共用电电路。图8-20为景观照明电路的识读分析。

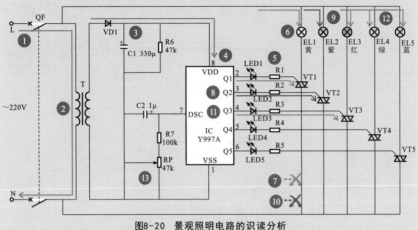

图8-20 景观照明电路的识读分析

【1】合上总断路器QF，接通交流220V市电电源。

【2】交流220V市电电压经变压器T变压后变为交流低压。

【3】交流低压再经整流二极管VD1整流、滤波电容器C1滤波后，变为直流电压。

【4】直流电压加到IC（Y997A）的8脚上为其提供工作电压。

【5】IC的8脚有供电电压后，内部电路开始工作。IC的2脚输出高电平脉冲信号，使LED1点亮。

【6】同时，高电平信号经电阻器R1后，加到双向晶闸管VT1的控制极上，VT1导通，彩色灯EL1（黄色）点亮。

【7】此时，IC的输出引脚3脚、4脚、5脚、6脚输出低电平脉冲信号，外接的晶闸管处于截止状态，LED2～LED5和彩色灯EL2～EL5不亮。

【8】一段时间后，IC的3脚输出高电平脉冲信号，LED2点亮。

【9】同时高电平信号经电阻器R2后，加到双向晶闸管VT2的控制极上，VT2导通，彩色灯EL2（紫色）点亮。

【10】此时，IC的2脚和3脚输出高电平脉冲信号，LED1～LED2和彩色灯EL1～EL2被点亮，而4脚、5脚和6脚输出低电平脉冲信号，外接晶闸管处于截止状态，LED3～LED5和彩色灯EL3～EL5不亮。

【11】以此类推，当IC的输出端2～6脚输出高电平脉冲信号时，LED1～LED5和彩色灯EL1～EL5便会被点亮。

【12】由于2～6脚输出脉冲的间隔和持续时间不同，双向晶闸管触发的时间也不同，因而5个彩灯便会按驱动脉冲的规律发光和熄灭。

【13】IC内的振荡频率取决于7脚外的时间常数电路，微调RP的阻值可改变其振荡频率。

8.3.8 LED广告灯电路的识图

LED广告灯电路可用于小区庭院、马路景观照明等，通过逻辑门电路控制不同颜色的LED有规律地亮灭，起到广告警示的作用。图8-21为LED广告灯电路的识读分析。

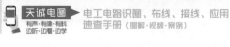

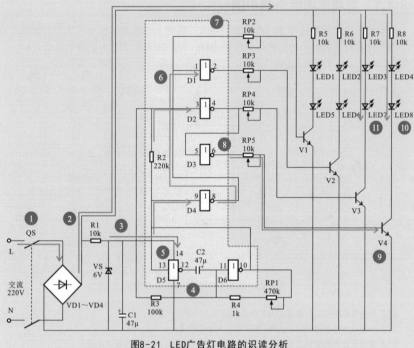

图8-21 LED广告灯电路的识读分析

【1】合上电源总开关QS，接通交流220V市电电源。

【2】交流220V市电电压经桥式整流电路VD1~VD4整流后输出直流电压，为显示电路供电。

【3】整流输出的直流电压经电阻器R1降压、稳压二极管VS稳压、滤波电容器C1滤波后，产生6V直流电压，为六非门电路CD4069提供工作电压（14脚送入）。

【4】六非门电路CD4069工作后，D5与D6两个非门（反相放大器）与电容、电阻构成脉冲振荡电路。

【5】由10脚和13脚输出低频振荡信号，低频振荡脉冲加到CD4069的9脚，经电阻器R2后加到3脚上。

【6】9脚输入的振荡信号经反相后，由8脚输出，再送入1脚中。

【7】振荡信号经CD4069的四个非门的处理后分别由2、4、6、8脚输出相位和时序不同的脉冲信号，并分别加到三极管V1~V4的基极。当有正极性脉冲加到三极管基极时，该管便会导通，相应的LED便会点亮发光，从而形成有规律的闪光。

【8】六非门电路CD4069的3脚输入振荡信号后，经反相后由4脚输出，一路经RP4送往三极管V3的基极，另一路送入5脚，经反相后由6脚输出。

【9】输出的振荡信号经可调电阻器RP5后，送往驱动三极管V4的基极，使三极管V4工作在开关状态下，从而交替导通。

【10】振荡信号为高电平时V4导通，发光二极管LED4和LED8便会发光，振荡信号为低电平时，V4截止，发光二极管LED4和LED8便会熄灭。

【11】按照上述控制规律，电路中的LED灯，即LED3和LED7、LED4和LED8在振荡信号的作用下便会交替地点亮和熄灭。

9

　　本章系统介绍直流电动机控制电路的识图与检修。

● 直流电动机控制电路的特点与检修

◇ 直流电动机控制电路的特点

◇ 直流电动机控制电路的检修

● 直流电动机控制电路的识图案例训练

◇ 光控直流电动机驱动及控制电路的识图

◇ 直流电动机调速控制电路的识图

◇ 直流电动机正/反转控制电路的识图

◇ 直流电动机能耗制动控制电路的识图

第9章
直流电动机控制电路识图与检修

9.1 直流电动机控制电路的特点与检修

9.1.1 直流电动机控制电路的特点

直流电动机控制电路主要是指对直流电动机进行控制的电路，根据选用控制部件数量的不同及对不同部件间的不同组合，可实现多种控制功能。图9-1为典型直流电动机控制电路的结构。

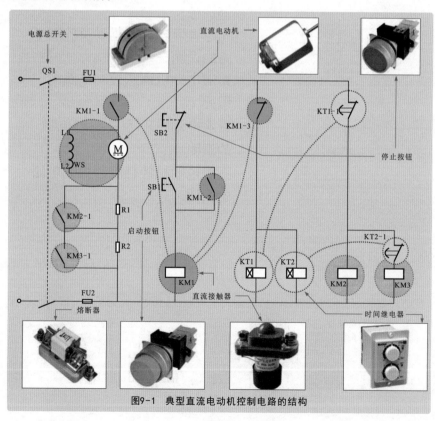

图9-1 典型直流电动机控制电路的结构

图9-2为直流电动机控制电路的控制连接关系。该电路主要由启动按钮SB1，停止按钮SB2，直流接触器KM1、KM2、KM3，时间继电器KT1、KT2，启动电阻器R1、R2等构成。通过启停按钮开关控制直流接触器触点的闭合与断开，通过触点的闭合与断开来改变串接在电枢回路中启动电阻器的数量，用于控制直流电动机的转速，从而实现对直流电动机工作状态的控制。

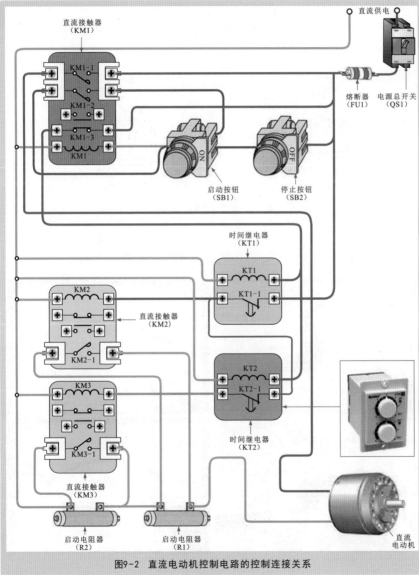

图9-2　直流电动机控制电路的控制连接关系

9.1.2 直流电动机控制电路的检修

对于直流电动机控制电路的检修，可根据信号流程，对控制电路中各主要控制部件及功能部件进行检测。

1 按钮开关的检测

在直流电动机控制电路中常用的按钮开关有常开按钮开关和常闭按钮开关。按钮开关常串联于电路中，用来控制电路的通断。图9-3为按钮开关的功能特点。不同类型的开关，控制功能和原理基本相同。

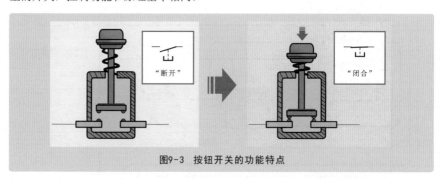

图9-3 按钮开关的功能特点

检测开关时，可通过外观直接判断开关性能是否正常，还可以借助万用表对其本身的性能进行检测。以常开按钮开关为例，图9-4为常开按钮开关的检测。

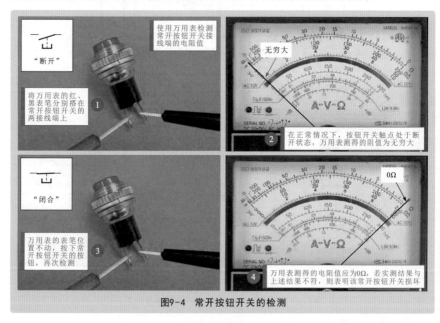

图9-4 常开按钮开关的检测

2 直流电动机的检测

图9-5为直流电动机的检测。检测直流电动机是否正常时,主要是使用万用表测量其绕组阻值是否正常。绕组是电动机中的主要组成部件,损坏的概率相对较高,检测时,主要是判断其是否有无短路或断路的故障。

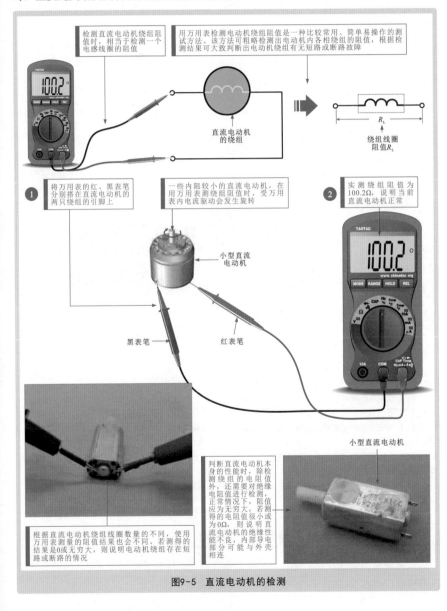

检测直流电动机绕组阻值时,相当于检测一个电感线圈的阻值

用万用表检测电动机绕组阻值是一种比较常用、简单易操作的测试方法。该方法可粗略检测出电动机内各相绕组的阻值,根据检测结果可大致判断出电动机绕组有无短路或断路故障

直流电动机的绕组

绕组线圈阻值R_L

❶ 将万用表的红、黑表笔分别搭在直流电动机的两只绕组的引脚上

一些内阻较小的直流电动机,在用万用表测绕组阻值时,受万用表内电流驱动会发生旋转

❷ 实测绕组阻值为100.2Ω,说明当前直流电动机正常

小型直流电动机

黑表笔　　红表笔

小型直流电动机

判断直流电动机本身的性能时,除检测绕组的电阻值外,还需要对绝缘电阻值进行检测,正常情况下,阻值应为无穷大,若测得的电阻值很小或为0Ω,则说明直流电动机的绝缘性能不良,内部导电部分可能与外壳相连

根据直流电动机绕组线圈数量的不同,使用万用表测量的阻值结果也会不同。若测得的结果是0或无穷大,则说明电动机绕组存在短路或断路的情况

图9-5　直流电动机的检测

第1章 第2章 第3章 第4章 第5章 第6章 第7章 第8章 第9章 第10章 第11章 第12章 第13章 第14章

9.2 直流电动机控制电路的识图案例训练

9.2.1 光控直流电动机驱动及控制电路的识图

光控直流电动机驱动及控制电路是由光敏晶体管控制的直流电动机电路，通过光照的变化可以控制直流电动机的启动、停止等状态。图9-6为光控直流电动机驱动及控制电路的识读分析。

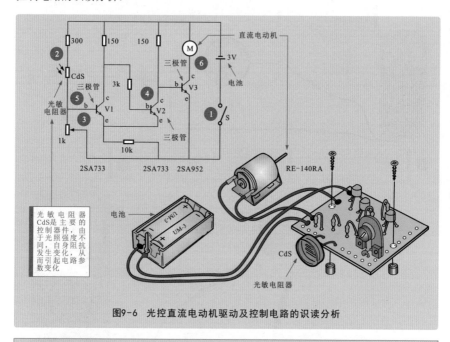

图9-6 光控直流电动机驱动及控制电路的识读分析

【1】闭合开关S，在该电路中，3V直流电压为电路和直流电动机进行供电。

【2】光敏电阻器连接在控制三极管V1的基极电路中。

【3】当光照强度较高时，光敏电阻器阻值较小，分压点（三极管V1基极）电压升高。

【4】当三极管V1基极电压与集电极偏压满足导通条件时，V1导通。触发信号经V2、V3放大后驱动直流电动机启动运转。

【5】当光照强度较低时，光敏电阻器阻值较大，分压点电压较小，三极管V1基极电压不足以驱动其导通。

【6】三极管V1、V2、V3截止，直流电动机M的供电电路断开，电动机停止运转。

9.2.2 直流电动机调速控制电路的识图

直流电动机调速控制电路是一种可在负载不变的情况下控制直流电动机的旋转速度的电路。图9-7为直流电动机调速控制电路的识读分析。

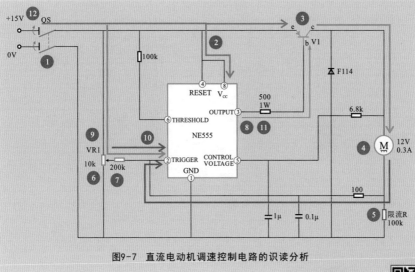

图9-7　直流电动机调速控制电路的识读分析

天诚电图

微视频讲解31 "直流电动机调速控制电路识图"

【1】合上电源总开关QS，接直流15V电源。

【2】15V直流为NE555时基电路的8脚提供工作电源，NE555时基电路开始工作。

【3】NE555时基电路的3脚输出驱动脉冲信号，送往驱动三极管V1的基极，经放大后，其集电极输出脉冲电压。

【4】15V直流电压经V1变成脉冲电流为直流电动机供电，电动机开始运转。

【5】直流电动机的电流在限流电阻R上产生压降，经电阻器反馈到NE555时基电路的2脚，并由3脚输出脉冲信号的宽度，对电动机稳速控制。

【6】将速度调整电阻器VR1的阻值调至最下端。

【7】15V直流电压经过VR1和200kΩ电阻器串联电路后送入NE555时基电路的2脚。

【8】NE555时基电路的3脚输出的脉冲信号宽度最小，直流电动机转速达到最低。

【9】将速度调整电阻器VR1的阻值调至最上端。

【10】15V直流电压则只经过200kΩ的电阻器后送入NE555时基电路的2脚。

【11】NE555时基电路的3脚输出的脉冲信号宽度最大，直流电动机转速达到最高。

【12】若需要直流电动机停机时，只需断开电源总开关QS即可切断控制电路和直流电动机的供电回路，直流电动机停转。

9.2.3 │ 直流电动机正/反转控制电路的识图

直流电动机正/反转控制电路是指通过控制电路改变加给直流电动机电源的极性，从而实现旋转方向。图9-8为直流电动机正/反转控制电路的识图分析。

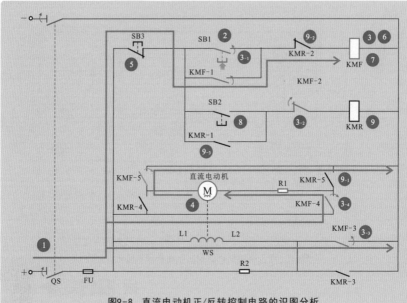

图9-8　直流电动机正/反转控制电路的识图分析

【1】合上电源总开关QS，接通直流电源。

【2】按下正转启动按钮SB1，正转直流接触器的线圈得电。

【3】正转直流接触器KMF的线圈得电，其触点全部动作。

　　【3-1】常开触点KMF-1闭合实现自锁功能。

　　【3-2】常闭触点KMF-2断开，防止反转直流接触器KMR的线圈得电。

　　【3-3】常开触点KMF-3闭合，直流电动机励磁绕组WS得电。

　　【3-4】常开触点KMF-4、KMF-5闭合，直流电动机得电。

【3-4】→【4】电动机串联启动电阻器R1正向启动运转。

【5】需要电动机正转停机时，按下停止按钮SB3。

【6】正转直流接触器KMF的线圈失电，其触点全部复位。

【7】切断直流电动机供电电源，直流电动机停止正向运转。

【8】需要直流电动机进行反转启动时，按下反转启动按钮SB2。

【9】反转直流接触器KMR的线圈得电，其触点全部动作。

　　【9-1】常开触点KMR-3、KMR-4、KMR-5闭合，电动机得电，反向运转。

　　【9-2】常闭触点KMR-2断开，防止正转直流接触器的线圈得电。

　　【9-3】常开触点KMR-1闭合实现自锁功能。

补充说明

　　当需要直流电动机反转停机时，按下停止按钮SB3。反转直流接触器KMR的线圈失电，其常开触点KMR-1复位断开，解除自锁功能；常闭触点KMR-2复位闭合，为直流电动机正转启动做好准备；常开触点KMR-3复位断开，直流电动机励磁绕组WS失电；常开触点KMR-4、KMR-5复位断开，切断直流电动机供电电源，直流电动机停止反向运转。

9.2.4 | 直流电动机能耗制动控制电路的识图

　　直流电动机能耗制动控制电路由直流电动机和能耗制动控制电路构成。该电路主要是维持直流电动机的励磁不变，把正在接通电源并具有较高转速的直流电动机电枢绕组从电源上断开，使直流电动机变为发电机，并与外加电阻器连接为闭合回路，利用此电路中产生的电流及制动转矩使直流电动机快速停车。在制动过程中，将系统的动能转化为电能并以热能的形式消耗在电枢电路的电阻器上。图9-9为直流电动机能耗制动控制电路的识读分析。

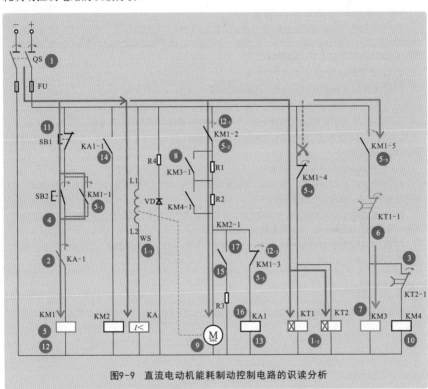

图9-9　直流电动机能耗制动控制电路的识读分析

【1】合上电源总开关QS，接通直流电源。

　　【1-1】励磁绕组WS和欠电流继电器KA的线圈得电。

　　【1-2】时间继电器KT1、KT2的线圈得电。

【1-1】→【2】常开触点KA-1闭合，为直流接触器KM1的线圈得电做好准备。

【1-2】→【3】常闭触点KT1-1、KT2-1瞬间断开，防止KM3、KM4的线圈得电。

【4】按下启动按钮SB2，接通电路电源。

【5】直流接触器KM1的线圈得电，相应触点动作。

　　【5-1】常开触点KM1-1闭合，实现自锁功能。

【5-2】常开触点KM1-2闭合，电源经电阻R1、R2为电动机供电，电动机低速启动运转。

【5-3】常闭触点KM1-3断开，防止中间继电器KA1的线圈得电。

【5-4】常闭触点KM1-4断开，时间继电器KT1、KT2的线圈均失电，进入延时复位闭合计时状态。

【5-5】常开触点KM1-5闭合，为直流接触器KM3、KM4的线圈得电做好准备。

【6】时间继电器KT1、KT2的线圈失电后，经一段时间后，常闭触点KT1-1先复位闭合。

【7】时间继电器KT1的常闭触点KT1-1闭合后，直流接触器KM3的线圈得电。

【8】常开触点KM3-1闭合，短接启动电阻器R1。

【9】电源经R2为电动机供电，速度提升。

【10】同样的，当到达时间继电器KT2的延时复位时间时，常闭触点KT2-1复位闭合。直流接触器KM4的线圈得电，常开触点KM4-1闭合，短接启动电阻器R2。电压直接为直流电动机供电，直流电动机工作在额定电压下，进入正常运转状态。

【11】按下停止按钮SB1，断开电路电源。

【12】直流接触器KM1的线圈失电，其触点全部复位。

【12-1】常开触点KM1-2断开，切断电动机电源，电动机惯性运转。

【12-2】常闭触点KM1-3复位闭合，为中间继电器KA1的线圈得电做好准备。

【12-2】→【13】惯性运转的电枢切割磁力线，在电枢绕组中产生感应电动势，使电枢两端的继电器KA1的线圈得电。

【14】中间继电器KA1的常开触点KA1-1闭合，直流接触器KM2的线圈得电。

【15】常开触点KM2-1闭合，接通制动电阻器R3回路，电枢的感应电流方向与原来的方向相反，电枢产生制动转矩，使电动机迅速停止转动。

【16】直流电动机转速降低到一定程度时，电枢绕组的感应反电动势降低，中间继电器KA1的线圈失电，常开触点KA1-1断开，直流接触器KM2的线圈失电。

【17】直流接触器KM2的常开触点KM2-1复位断开，切断制动电阻器R3回路，停止能耗制动，整个系统停止工作。

补充说明

如图9-10所示，直流电动机制动时，励磁绕组L1、L2两端电压极性不变，因而励磁的大小和方向不变。

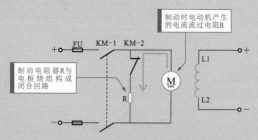

图9-10 直流电动机能耗制动原理

由于直流电动机存在惯性，仍会按照原来的方向继续旋转，所以电枢反电动势的方向也不变，并且成为电枢回路的电源，这就使得制动电流的方向同原来供电的方向相反，电磁转矩的方向也随之改变，成为制动转矩，从而促使直流电动机迅速减速直至停止。

10

本章系统介绍单相交流电动机控制电路的识图与检修。

- 单相交流电动机控制电路的特点与检修
- ◇ 单相交流电动机控制电路的特点
- ◇ 单相交流电动机控制电路的检修
- 单相交流电动机控制电路的识图案例训练
- ◇ 单相交流电动机正/反转驱动电路的识图
- ◇ 可逆单相交流电动机驱动电路的识图
- ◇ 单相交流电动机晶闸管调速电路的识图
- ◇ 单相交流电动机电感器调速电路的识图
- ◇ 单相交流电动机热敏电阻调速电路的识图
- ◇ 单相交流电动机自动启停控制电路的识图
- ◇ 单相交流电动机正/反转控制电路的识图

第10章

单相交流电动机控制电路识图与检修

10.1 单相交流电动机控制电路的特点与检修

10.1.1 单相交流电动机控制电路的特点

单相交流电动机控制电路可实现启动、运转、变速、制动、反转和停机等多种控制功能。图10-1为典型单相交流电动机控制电路的结构。

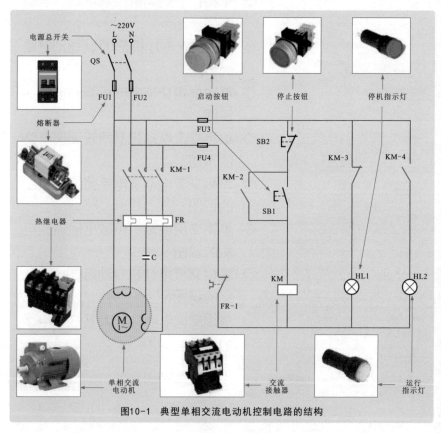

图10-1 典型单相交流电动机控制电路的结构

图10-2为典型单相交流电动机控制电路的连接控制关系。

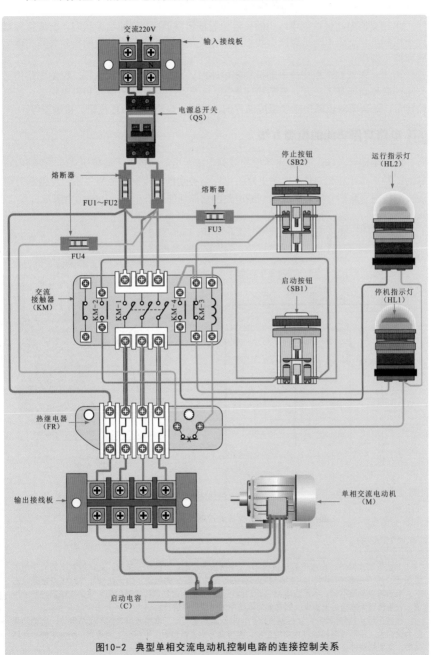

图10-2 典型单相交流电动机控制电路的连接控制关系

10.1.2 | 单相交流电动机控制电路的检修

单相交流电动机控制电路中的启停控制按钮用于控制电路启停状态，交流接触器用于控制单相交流电动机通断电状态，单相交流电动机则根据供电的控制关系实现运转和停止操作。

因此，在检测单相交流电动机控制电路时，可首先在断电状态下，检测电路控制支路的启停功能是否正常；然后接通电源，检测电动机的供电电压和供电状态。若电路异常，还需要对电路中主要组成部件的性能进行检测，如启停按钮、接触器等。

1 电路启停功能的检测方法

断开电源开关QS，用验电器检测被测电路无电后，按下启动按钮SB1，控制电路启动；按下停止按钮SB2，控制支路供电回路被切断。根据其控制关系，可借助万用表检测控制支路部分的通断状态判断电路的启停功能是否正常，如图10-3所示。

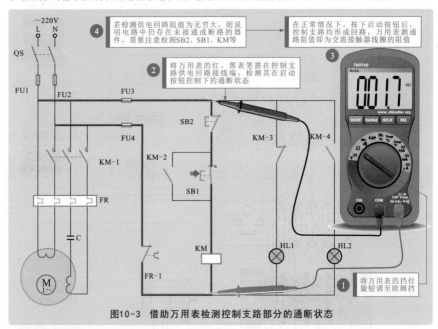

图10-3 借助万用表检测控制支路部分的通断状态

补充说明

上述控制支路中，在按下启动按钮SB1（保持按下状态，不能松开按钮）后，控制支路的供电回路接通，用万用表检测时，应能够测得回路中各部件串联后的阻值，由于在SB2、SB1触点接通状态下，阻值可以忽略不计，因此当电路启动功能正常时，万用表所测得的阻值即为交流接触器线圈的阻值。若阻值过大或接近无穷大，则需要对电路中的组成部件进行检测。

在按下停止按钮SB2后，该控制支路的供电回路均被切断，借助万用表检测回路阻值，所测结果应为无穷大，说明该电路的停止功能正常。若借助万用表检测时，不符合上述规律，则说明停止按钮失常，需要检测停止按钮的性能，排除故障因素，恢复电路功能。

2 电动机供电电压的检测方法

合上电源总开关QS接通电源。在通电状态下，按下启动按钮SB1，电路启动工作，此时借助万用表检测电动机的供电电压，如图10-4所示。若检测供电正常，则说明电路功能正常。

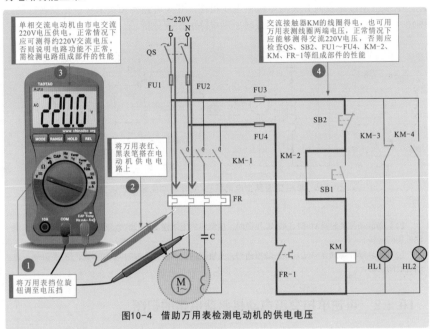

图10-4 借助万用表检测电动机的供电电压

3 电路主要组成部件性能的检测方法

在电动机启停控制电路中，启停按钮、交流接触器是实现电路控制的关键部件，若电路功能失常，则需要重点检测这些器件的性能。以启动按钮SB1为例，可借助万用表检测其按钮按下与松开状态下触点的接通与断开功能是否正常，如图10-5所示。

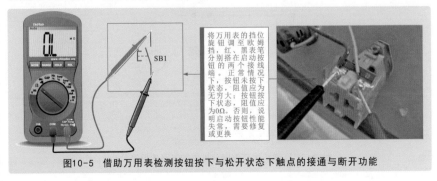

图10-5 借助万用表检测按钮按下与松开状态下触点的接通与断开功能

10.2 单相交流电动机控制电路的识图案例训练

10.2.1 单相交流电动机正/反转驱动电路的识图

单相交流异步电动机的正/反转驱动电路中辅助绕组通过启动电容与电源供电相连，主绕组通过正反向开关与电源供电线相连，开关可调换接头来实现正反转控制。图10-6为单相交流异步电动机正/反转驱动电路的识读分析。

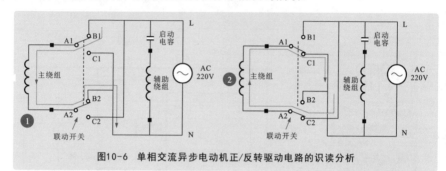

图10-6 单相交流异步电动机正/反转驱动电路的识读分析

【1】当联动开关触点A1-B1、A2-B2接通时，主绕组的上端接交流220V电源的L端，下端接N端，电动机正向运转。

【2】当联动开关触点A1-C1、A2-C2接通时，主绕组的上端接交流220V电源的N端，下端接L端，电动机反向运转。

10.2.2 可逆单相交流电动机驱动电路的识图

在可逆单相交流电动机的驱动电路中，电动机内设有两个绕组（主绕组和辅助绕组），单相交流电源加到两绕组的公共端，绕组另一端接一个启动电容。正反向旋转切换开关接到电源与绕组之间，通过切换两个绕组实现转向控制，这种情况电动机的两个绕组参数相同。用互换主绕组的方式进行转向切换。图10-7为可逆单相交流电动机驱动电路的识读分析。

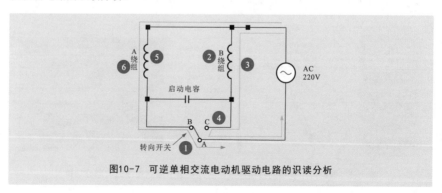

图10-7 可逆单相交流电动机驱动电路的识读分析

【1】当转向开关AB接通时，交流电源的供电端加到A绕组。

【2】经启动电容后，为B绕组供电。

【3】电动机正向启动、运转。

【4】当转向开关AC接通时，交流电源的供电端加到B绕组。

【5】经启动电容后，为A绕组供电。

【6】电动机反向启动、运转。

10.2.3 单相交流电动机晶闸管调速电路的识图

采用晶闸管的单相交流电动机调速电路中，晶闸管调速是通过改变晶闸管的导通角来改变电动机的平均供电电压，从而调节电动机的转速。图10-8和图10-9为两种单相交流电动机晶闸管调速电路的识读分析。

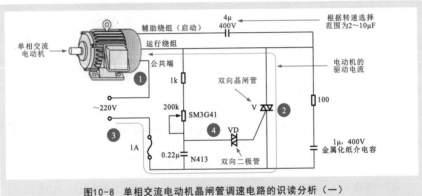

图10-8 单相交流电动机晶闸管调速电路的识读分析（一）

【1】单相交流220V电压为供电电源，一端加到单相交流电动机绕组的公共端。

【2】运行端经双向晶闸管V接到交流220V的另一端，同时经4μF的启动电容器接到辅助绕组的端子上。

【3】电动机的主通道中只有双向晶闸管V导通，电源才能加到两绕组上，电动机才能旋转。

【4】双向晶闸管V受VD的控制，在半个交流周期内VD输出脉冲，V受到触发便可导通，改变VD的触发角（相位）就可对速度进行控制。

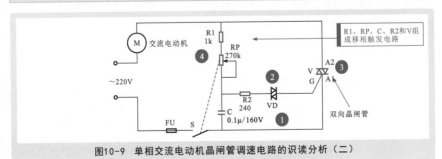

图10-9 单相交流电动机晶闸管调速电路的识读分析（二）

【1】220V交流电源经电阻器R1、可调电阻器RP向电容C充电，电容C两端电压上升。

【2】当电容C两端电压升高到大于双向触发二极管VD的阻断值时，双向触发二极管VD和双向晶闸管V才相继导通。

【3】双向晶闸管V在交流电压零点时截止，待下一个周期重复动作。

【4】双向晶闸管V的触发角由RP、R1、C的阻值或容量的乘积决定，调节电阻器RP便可改变双向晶闸管V的触发角，从而改变电动机电流的大小，即改变电动机两端电压，起到调速的作用。

10.2.4 单相交流电动机电感器调速电路的识图

采用串联电抗器的调速电路，将电动机主、副绕组并联后再串入具有抽头的电抗器。当转速开关处于不同的位置时，电抗器的电压降不同，使电动机端电压改变而实现有级调速。图10-10为单相交流电动机电感器调速电路的识读分析。

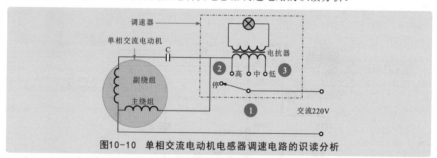

图10-10　单相交流电动机电感器调速电路的识读分析

【1】当转速开关处于不同的位置时，电抗器的电压降不同，送入单相交流电动机的驱动电压大小不同。

【2】当调速开关接高速挡时，电动机绕组直接与电源相连，阻抗最小，单相交流电动机全压运行转速最高。

【3】将调速开关接中、低挡时，电动机串联不同的电抗器，总电抗就会增加，从而使转速降低。

10.2.5 单相交流电动机热敏电阻调速电路的识图

采用热敏电阻（PTC元件）的单相交流电动机调速电路中，由热敏电阻感知温度变化，从而引起自身阻抗变化，并以此来控制所关联电路中单相交流电动机驱动电流的大小，实现调速控制。图10-11为单相交流电动机热敏电阻调速电路的识读分析。

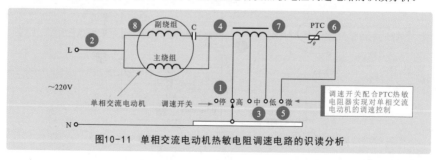

图10-11　单相交流电动机热敏电阻调速电路的识读分析

【1】当需要单相交流电动机高速运转时，将调速开关置于"高"挡。

【2】交流220V电压全压加到电动机绕组上，电动机高速运转。

【3】当需要单相交流电动机中/低速运转时，将调速开关置于"中/低"挡。

【4】交流220V电压部分或全部串接感线圈后加到电动机绕组上，电动机中/低速运转。

【5】将调速开关置于"微"挡。220V电压串接PTC和电感线圈后加到电动机绕组上。

【6】在常温状态下，PTC阻值很小，电动机容易启动。

【7】启动后，电流通过PTC元件，电流热效应使其温度迅速升高。

【8】PTC阻值增加，送至电动机绕组中的电压降增加，电动机进入微速挡运行状态。

10.2.6 单相交流电动机自动启停控制电路的识图

单相交流电动机自动启停控制电路主要是由湿敏电阻器和外围元器件构成的控制电路控制。湿敏电阻器测量湿度，并转换为单相交流电动机的控制信号，从而自动控制电动机的启动、运转与停机。图10-12为单相交流电动机自动启停控制电路的识读分析。

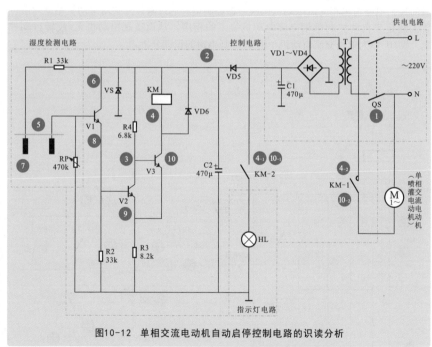

图10-12 单相交流电动机自动启停控制电路的识读分析

【1】合上电源总开关QS，交流220V电压经变压器T降压、桥式整流堆VD1～VD4整流、滤波电容器C1滤波后，输出直流电压。

【2】输出的直流电压再经过二极管VD5整流、滤波电容器C2滤波后，输送到控制电路中。

【3】直流电压经电阻器R4送到三极管V3的基极，V3导通。

【4】直流电压送至交流接触器KM的线圈，交流接触器KM的线圈得电。

　【4-1】常开辅助触点KM-2闭合，喷灌指示灯HL点亮。

　【4-2】常开主触点KM-1闭合，单相交流电动机接通单相电源启动运转，开始喷灌作业。

【5】当土壤湿度较小时，土壤湿度传感器两电极间阻抗较大，电流无法流过。

【6】三极管V1基极为低电平，三极管V1截止。三极管V2基极为低电平，三极管V2截止。

【7】当土壤湿度较大时，土壤湿度传感器两电极间阻抗较小，电流可流过。

【8】三极管V1的基极为高电平，V1导通。

【9】三极管V2的基极为高电平，V2导通。

【10】三极管V3的基极为低电平，V3截止。交流接触器KM的线圈失电。

　【10-1】常开辅助触点KM-2复位断开，切断喷灌指示灯HL的供电电源，HL熄灭。

　【10-2】常开主触点KM-1复位断开，切断喷灌电动机的供电电源，电动机停止运转。

10.2.7 单相交流电动机正/反转控制电路的识图

典型单相交流电动机正/反转控制电路主要由限位开关和接触器、按钮开关等构成的控制电路与单相交流电动机构成。该控制电路通过限位开关对电动机驱动对应位置的测定来自动控制单相交流电动机绕组的相序，从而实现电动机正/反转自动控制。图10-13为单相交流电动机正/反转控制电路的识读分析。

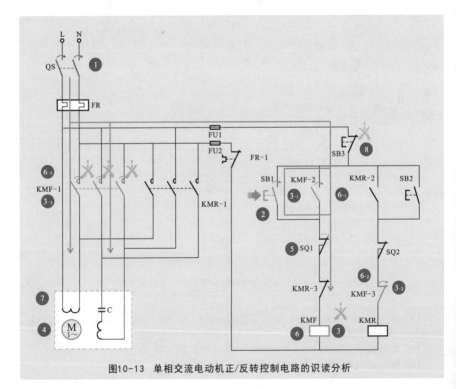

图10-13　单相交流电动机正/反转控制电路的识读分析

【1】合上电源总开关QS，接通单相电源。

【2】按下正转启动按钮SB1。

【3】正转交流接触器KMF的线圈得电。

　　【3-1】常开辅助触点KMF-2闭合，实现自锁功能。

　　【3-2】常闭辅助触点KMF-3断开，防止KMR得电。

　　【3-3】常开主触点KMF-1闭合。

【3-3】→【4】电动机主绕组接通电源相序L、N，电流经启动电容器C和辅助绕组形成回路，电动机正向启动运转。

【5】当电动机驱动对象到达正转限位开关SQ1限定的位置时，触动正转限位开关SQ1，其常闭触点断开。

【6】正转交流接触器KMF的线圈失电。

　　【6-1】常开辅助触点KMF-2复位断开，解除自锁。

　　【6-2】常闭辅助触点KMF-3复位闭合，为反转启动做好准备。

　　【6-3】常开主触点KMF-1复位断开。

【7】切断电动机供电电源，电动机停止正向运转。同样地，按下反转启动按钮，工作过程与上述过程相似。

【8】若在电动机正转过程中按下停止按钮SB3，其常闭触点断开，正转交流接触器KMF的线圈失电，常开主触点KMF-1复位断开，电动机停止正向运转；反转停机控制过程同上。

> 补充说明

如图10-14所示，在上述电动机控制电路中，单相交流电动机在控制电路作用下，流经辅助绕组的电流方向发生变化，从而引起电动机转动方向的改变。

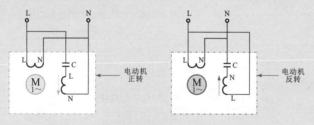

图10-14　单相交流电动机的正/反转工作状态

11

本章系统介绍三相交流电动机控制电路的识图与检修。

● 三相交流电动机控制电路的特点与检修

◇ 三相交流电动机控制电路的特点

◇ 三相交流电动机控制电路的检修

● 三相交流电动机控制电路的识图案例训练

◇ 具有自锁功能的三相交流电动机正转控制电路的识图

◇ 具有过载保护功能的三相交流电动机正转控制电路的识图

◇ 由旋转开关控制的三相交流电动机点动/连续控制电路的识图

◇ 按钮互锁的三相交流电动机正/反转控制电路的识图

◇ 三相交流电动机点动/连续控制电路的识图

◇ 三相交流电动机联锁控制电路的识图

◇ 三相交流电动机串电阻降压启动控制电路的识图

◇ 三相交流电动机Y-△降压启动控制电路的识图

◇ 三相交流电动机反接制动控制电路的识图

◇ 三相交流电动机调速控制电路的识图

第11章
三相交流电动机控制电路识图与检修

11.1 三相交流电动机控制电路的特点与检修

11.1.1 三相交流电动机控制电路的特点

三相交流电动机控制电路可控制电动机实现启动、运转、变速、制动、反转和停机等功能。图11-1为典型三相交流电动机控制电路的结构。

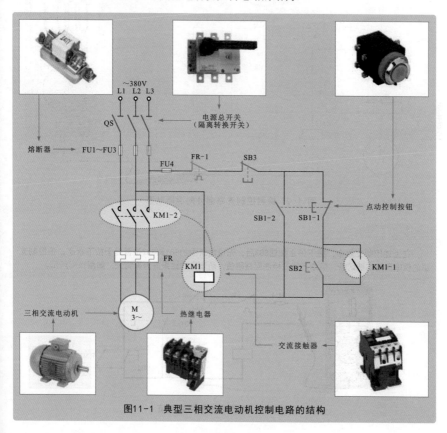

图11-1 典型三相交流电动机控制电路的结构

11.1.2 三相交流电动机控制电路的检修

对三相交流电动机控制电路的检测，可根据控制关系，首先在断电状态下，通过按动按钮开关，检测控制支路的启停功能是否正常；然后接通电源，检测电路中的电压参数。

1 电路启停功能的检测

断开电源开关QS，用验电器检测被测电路无电后，按下启动按钮SB1或SB2，控制电路启动；按下停止按钮SB3，控制支路供电回路被切断。据此控制关系，可检测控制支路部分的通断状态来判断电路的启停功能是否正常，如图11-2所示。

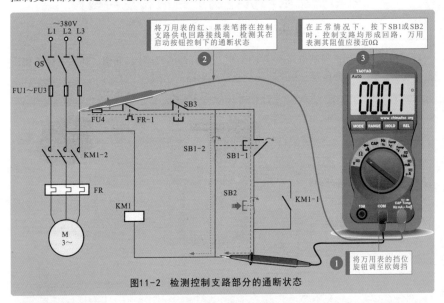

图11-2 检测控制支路部分的通断状态

补充说明

在上述控制支路中，按下停止按钮SB3后，无论电路中的SB1和SB2是否处于按下状态，该控制支路的供电回路均被切断，借助万用表检测回路阻值，所测得的结果应为无穷大，如图11-3所示。

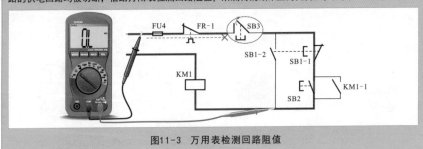

图11-3 万用表检测回路阻值

2 电路电压参数的检测

根据电路功能，接通电源后，在按下启动按钮后，电路功能正常时，交流接触器线圈应获得供电电压，并在该电压作用下，其主触点动作，接通三相交流电动机的三相供电。根据这一控制关系，可借助万用表检测接触器线圈和三相交流电动机的供电电压，如图11-4所示。

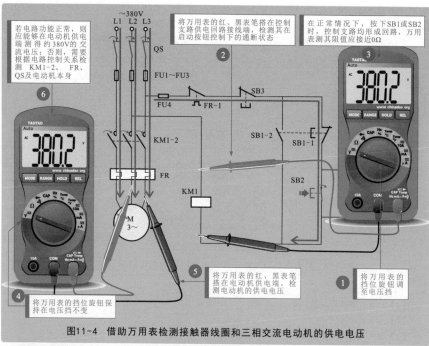

图11-4 借助万用表检测接触器线圈和三相交流电动机的供电电压

补充说明

若控制电路的电压为0V，则需要对电路中的熔断器进行检修，当熔断器损坏时，会造成电动机无法正常启动的故障，因此对熔断器的检修也非常重要。

在判断熔断器是否正常时，可使用万用表检测输入端和输出端的电压是否正常。正常情况下，使用万用表电压挡检测输入端有电压，输出端也有电压，说明熔断器良好，如图11-5所示。

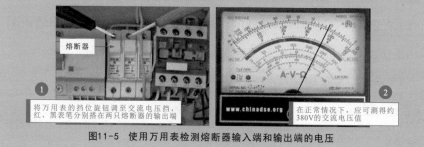

图11-5 使用万用表检测熔断器输入端和输出端的电压

11.2 三相交流电动机控制电路的识图案例训练

11.2.1 具有自锁功能的三相交流电动机正转控制电路的识图

具有自锁功能的三相交流电动机控制电路中，由交流接触器的常开触点实现对三相交流电动机启动按钮的自锁，实现松开按钮后，仍保持线路接通的功能，进而实现对三相交流电动机的连续控制。图11-6为具有自锁功能的三相交流电动机控制电路的识读分析。

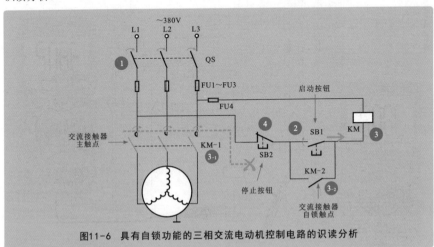

图11-6 具有自锁功能的三相交流电动机控制电路的识读分析

【1】合上电源总开关QS，接入交流供电。

【2】按下启动按钮SB1。

【3】电源为交流接触器KM供电，KM的线圈得电。

【3-1】KM的主触点KM-1闭合，为三相电动机供电，电动机启动运转。

【3-2】KM的辅助触点KM-2闭合，短路启动按钮SB1，为交流接触器供电实现自锁，即使松开启动按钮，也能维持给KM的线圈供电，保持触点的吸合状态。

【4】当完成工作需要停机时，按下停止按钮SB2，断开交流接触器电源，主触点KM-1复位断开，电动机停转。

11.2.2 具有过载保护功能的三相交流电动机正转控制电路的识图

图11-7为具有过载保护功能的三相交流电动机正转控制电路的识读分析。

【1】在正常情况下，接通总断路器QF，按下启动按钮SB1后，电动机启动正转。

【2】当电动机过载时，主电路热继电器FR所通过的电流超过额定电流值，使FR内部发热，其内部双金属片弯曲，推动FR闭合触点断开，交流接触器KM1的线圈断电，触点复位。

【3】交流接触器KM1的常开主触点复位断开，电动机便脱离电源供电，电动机停转，起到了过载保护作用。

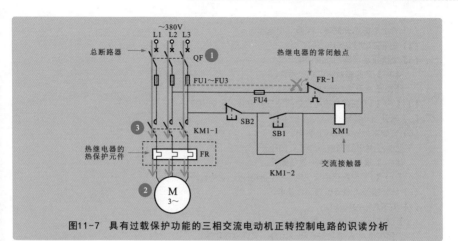

图11-7 具有过载保护功能的三相交流电动机正转控制电路的识读分析

补充说明

　　过载保护属于过电流保护中的一种类型。过载是指电动机的运行电流大于其额定电流，小于1.5倍额定电流。

　　引起电动机过载的原因很多，如电源电压降低、负载的突然增加或断相运行等。若电动机长时间处于过载运行状态，其内部绕组的温升将超过允许值而使电动机绝缘老化、损坏。因此，在电动机控制电路中一般都设有过载保护器件。所使用的过载保护器件应具有反时限特性，且不会受电动机短时过载冲击电流或短路电流的影响而瞬时动作，所以通常用热继电器作为过载保护装置。

　　值得注意的是，当有大于6倍额定电流通过热继电器时，需经5s后才动作，这样在热继电器未动作前，可能先烧坏热继电器的发热元件，所以在使用热继电器进行过载保护时，还必须装有熔断器或低压断路器的短路保护器件。

11.2.3 由旋转开关控制的三相交流电动机点动/连续控制电路的识图

　　图11-8为由旋转开关控制的三相交流电动机点动、连续控制电路的识读分析。

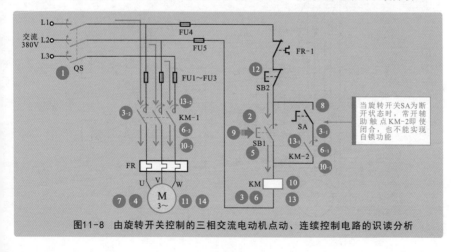

图11-8 由旋转开关控制的三相交流电动机点动、连续控制电路的识读分析

【1】合上电源总开关QS，接通三相电源。

【2】按下启动按钮SB1。

【3】交流接触器KM的线圈得电。

　　【3-1】常开辅助触点KM-2闭合。

　　【3-2】常开主触点KM-1闭合。

【3-2】→【4】三相交流电动机接通三相电源，启动运转。

【5】松开启动按钮SB1。

【6】交流接触器KM的线圈失电。

　　【6-1】常开辅助触点KM-2复位断开。

　　【6-2】常开主触点KM-1复位断开。

【6-2】→【7】切断三相交流电动机供电电源，电动机停止运转。

【8】将旋转开关SA调整为闭合状态。

【9】按下启动按钮SB1。

【10】交流接触器KM的线圈得电。

　　【10-1】常开辅助触点KM-2闭合，实现自锁功能。

　　【10-2】常开主触点KM-1闭合。

【10-2】→【11】三相交流电动机接通三相电源，启动并进入连续运转状态。

【12】需要三相交流电动机停机时，按下停止按钮SB2。

【13】交流接触器KM的线圈失电。

　　【13-1】常开辅助触点KM-2复位断开。

　　【13-2】常开主触点KM-1复位断开。

【13-2】→【14】切断三相交流电动机供电电源，电动机停止运转。

11.2.4 │ 按钮互锁的三相交流电动机正/反转控制电路的识图

图11-9为按钮互锁的三相交流电动机正/反转控制电路的识读分析。

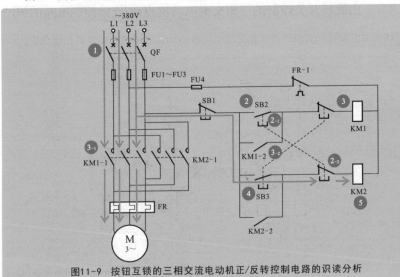

图11-9　按钮互锁的三相交流电动机正/反转控制电路的识读分析

【1】闭合总断路器QF，为电路工作做好供电准备。

【2】按下正转启动按钮SB2，其触点动作。

　　【2-1】常开触点闭合。

　　【2-2】常闭触点断开。

【2-1】→【3】交流接触器KM1的线圈得电。

　　【3-1】常开主触点KM1-1闭合，电动机正向启动运转。

　　【3-2】常开辅助触点KM1-2闭合自锁，即使松开SB2，也能保持交流接触器KM1的线圈通电。

【4】当电动机正向运转，在按下反转按钮SB3时，首先是使接在正转控制电路中的SB3的常闭触点断开，于是，正转交流接触器KM1的线圈断电释放，触点全部复原，电动机断电但做惯性运转。

【5】与此同时，SB3的常开触点闭合，使反转交流接触器KM2的线圈获电动作，电动机立即反转启动。

📝 补充说明

　　按钮互锁的三相交流电动机正/反转控制电路是指由复合按钮实现两个接触器的互锁控制。图1-9所示电路互锁使正/反转交流接触器KM1和KM2不会同时通电，又可在不按下停止按钮而直接按下反转按钮时进行反转启动。同样地，由反转运行转换成正转运行也只需直接按下正转按钮。

11.2.5 │ 三相交流电动机点动/连续控制电路的识图

　　三相交流电动机点动/连续控制电路是指可实现电动机点动运转和连续运转的控制电路。图11-10为三相交流电动机点动/连续控制电路的识读分析。

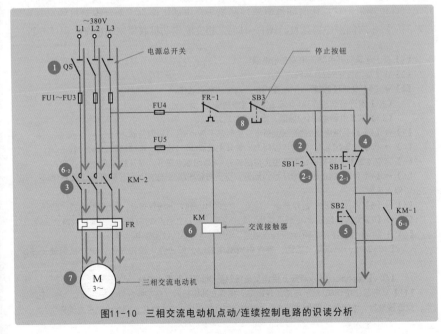

图11-10 三相交流电动机点动/连续控制电路的识读分析

199

【1】合上电源总开关QS，接通三相电源。

【2】按下点动控制按钮SB1，对应的触点动作。

【2-1】常闭触点SB1-1断开，切断SB2供电，此时的SB2不起作用。

【2-2】常开触点SB1-2闭合后，交流接触器KM的线圈得电，常开触点KM-1闭合。

【2-2】→【3】交流接触器KM的主触点KM-2闭合，电源为三相交流电动机供电，三相交流电动机M启动运转。

【4】松开SB1，触点复位，交流接触器KM的线圈失电，电动机M电源断开，电动机停转。由此反复按下松开控制，可实现点动控制。

【5】按下电路中的连续控制按钮SB2，该按钮的触点闭合。

【6】交流接触器KM的线圈得电，相应的触点动作。

【6-1】常开辅助触点KM-1闭合自锁。

【6-2】常开主触点KM-2闭合。

【7】接通三相交流电动机电源，电动机M启动运转。当松开按钮后，由于常开辅助触点KM-1闭合自锁，电动机仍保持得电运转状态。

【8】需要电动机停机时，按下停止按钮SB3。交流接触器KM的线圈失电，其内部触点全部复位，即常开辅助触点KM-1断开解除自锁；主触点KM-2断开，电动机停转。当松开按钮SB3后，电路未形成通路，电动机处于失电状态。

11.2.6 │ 三相交流电动机联锁控制电路的识图

　　三相交流电动机联锁控制电路主要是由时间继电器、交流接触器和按钮开关等构成的控制电路与三相交流电动机等构成的。在该电路中按下启动按钮后，第一台电动机启动，然后由时间继电器控制第二台电动机自动启动，停机时，按下停止按钮，断开第二台电动机，然后由时间继电器控制第一台电动机停机。两台电动机的启动和停止时间间隔由时间继电器预设。图11-11为三相交流电动机联锁控制电路的识读分析。

【1】合上电源总开关QS，接通三相电源。

【2】按下启动按钮SB2，其触点闭合。

【2】→【3】交流接触器KM1的线圈得电，对应的触点动作。

【3-1】常开辅助触点KM1-1接通实现自锁功能。

【3-2】常开主触点KM1-2接通，电动机M1启动运转。

【2】→【4】时间继电器KT1的线圈得电，延时常开触点KT1-1延时接通。

【4】→【5】交流接触器KM2的线圈得电，常开主触点KM2-1接通，电动机M2启动运转。

【6】当电动机需要停机时，按下停止按钮SB3，其常闭触点断开，常开触点闭合。

【6】→【7】停止按钮SB3的常闭触点断开，交流接触器KM2的线圈失电，常开触点KM2-1断开，电动机M2停止运转。

【6】→【8】停止按钮SB3的常开触点接通，时间继电器KT2的线圈得电，常开触点KT2-1断开。

【8】→【9】交流接触器KM1的线圈失电，触点复位。常开主触点KM1-2断开，电动机M1停止运转。

【6】→【10】停止按钮SB3的常开触点接通，中间继电器KA的线圈得电。

【10-1】常开触点KA-1接通，锁定中间继电器KA，即使停止按钮复位，电动机仍处于停机状态。

【10-2】常闭触点KA-2断开，保证交流接触器KM2的线圈不会得电。

【11】紧急停止按钮SB1用于电路出现故障，需要立即停机时，按下紧急停止按钮SB1，切断电源供电，交流接触器、中间继电器和时间继电器等电气部件失电后，触点复位，两台电动机立即停机。

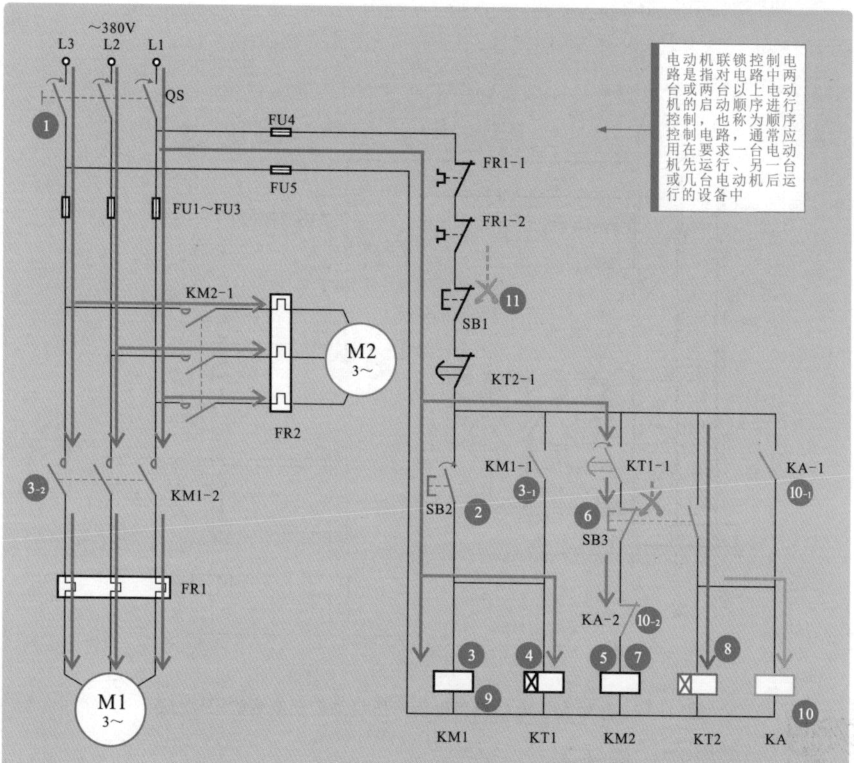

图11-11　三相交流电动机联锁控制电路的识读分析

11.2.7 三相交流电动机串电阻降压启动控制电路的识图

三相交流电动机串电阻降压启动控制电路主要由降压电阻器、按钮开关、接触器、时间继电器等控制部件与三相交流电动机等构成。该电路是指在三相交流电动机定子电路中串入电阻器，启动时利用串入的电阻器起到降压、限流的作用，当三相交流电动机启动完毕，再通过电路将串联的电阻短接，从而使三相交流电动机进入全压正常运行状态。图11-12为三相交流电动机串电阻降压启动控制电路的识读分析。

🖎 补充说明

图11-12中采用了时间继电器作为电动机从降压启动到全压运行自动切换的控制部件。时间继电器是一种延时或周期性定时接通、切断某些控制电路的继电器，主要由瞬间触点、延时触点、弹簧片、铁芯、衔铁等部分组成。当线圈通电后，衔铁利用反力弹簧的阻力与铁芯吸合。推杆在推板的作用下，压缩宝塔弹簧，使瞬间触点和延时触点动作。

在电动机控制电路中，电路的具体控制功能不同，所选用时间继电器的类型也不同，主要体现在其线圈和触点的延时状态方面。例如，有些时间继电器的常开触点闭合时延时、断开时立即动作；有些时间继电器的常开触点闭合时立即动作、断开时延时动作。

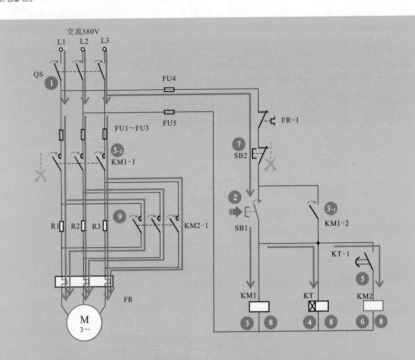

图11-12 三相交流电动机串电阻降压启动控制电路的识读分析

天诚电图

微视频讲解32"三相交流电动机串电阻降压启动控制电路识图"

【1】合上电源总开关QS，接通三相电源。

【2】按下启动按钮SB1，常开触点闭合。

【2】→【3】交流接触器KM1的线圈得电。

　　【3-1】常开辅助触点KM1-2闭合，实现自锁功能。

　　【3-2】常开主触点KM1-1闭合，电源经电阻器R1、R2、R3为三相交流电动机M供电，三相交流电动机降压启动。

【2】→【4】时间继电器KT的线圈得电。

【4】→【5】当时间继电器KT达到预定的延时时间后，常开触点KT-1延时闭合。

【5】→【6】交流接触器KM2的线圈得电，常开主触点KM2-1闭合，短接电阻器R1、R2、R3，三相交流电动机在全压状态下运行。

【7】当需要三相交流电动机停机时，按下停止按钮SB2。

【8】交流接触器KM1、KM2和时间继电器KT的线圈均失电，触点全部复位。

【9】主触点KM1-1、KM2-1复位断开，切断三相电动机供电电源，电动机停止运转。

11.2.8 | 三相交流电动机Y-△降压启动控制电路的识图

电动机Y-△降压启动控制电路是指三相交流电动机启动时，先由电路控制三相交流电动机定子绕组连接成Y形进入降压启动状态，待转速达到一定值后，再由电路控制三相交流电动机定子绕组换接成△形，进入全压运行状态。图11-13为电动机Y-△降压启动控制电路的识读分析。

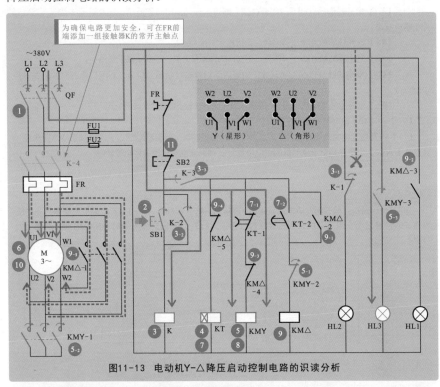

图11-13 电动机Y-△降压启动控制电路的识读分析

【1】合上总断路器QF，接通三相电源，停机指示灯HL2点亮。

【2】按下启动按钮SB1，其触点闭合。

【3】电磁继电器K的线圈得电，相应的触点动作。

　　【3-1】常闭触点K-1断开，停机指示灯HL2熄灭。

　　【3-2】常开触点K-2闭合自锁。

　　【3-3】常开触点K-3闭合，接通控制电路的供电电源。

【3-3】→【4】时间继电器KT的线圈得电，开始计时。

【3-3】→【5】交流接触器KMY的线圈得电。

　　【5-1】常闭辅助触点KMY-2断开，防止交流接触器KM△的线圈得电，起联锁保护作用。

　　【5-2】常开主触点KMY-1闭合，三相交流电动机以Y连接方式接通电源。

　　【5-3】常开辅助触点KMY-3闭合，启动指示灯HL3点亮。

【5-2】→【6】电动机开始以降压启动方式运转。

【7】时间继电器KT到达预定时间。

　　【7-1】KT常闭触点KT-1延时断开。

　　【7-2】KT常开触点KT-2延时闭合。

【7-1】→【8】断开交流接触器KMY的供电，KMY触点全部复位。

【7-2】→【9】交流接触器KM△的线圈得电，对应的触点动作。

　　【9-1】常开辅助触点KM△-2闭合自锁，即可实现触点KT-2断开后，使交流接触器KM△的线圈处于得电状态。

　　【9-2】常开辅助触点KM△-3闭合，运行指示灯HL1点亮。

　　【9-3】常闭辅助触点KM△-4断开，防止KMY的线圈得电，起联锁保护作用。

　　【9-4】常闭辅助触点KM△-5断开，切断时间继电器KT线圈的供电，时间继电器KT的相关触点全部复位。

　　【9-5】常开主触点KM△-1闭合，三相交流电动机以△连接方式接通电源。

【9-5】→【10】电动机开始全压运行。

【11】当需要三相交流电动机停机时，按下停止按钮SB2，电磁继电器K、交流接触器KM△等失电，触点全部复位，切断三相交流电动机的供电电源，三相交流电动机便会停止运转。

补充说明

如图11-14所示，当三相交流电动机采用Y连接时（降压启动），三相交流电动机每相承受的电压均为220V；当三相交流电动机采用△连接时（全压运行），三相交流电动机每相绕组承受的电压为380V。

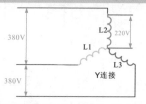

图11-14　三相交流电动机绕组的接线方式

11.2.9 | 三相交流电动机反接制动控制电路的识图

电动机反接制动控制电路是指电动机在制动时，电路会改变电动机定子绕组的电源相序，使之有反转趋势而产生较大的制动力矩，从而迅速地使电动机的转速降低，最后通过速度继电器来自动切断制动电源，确保电动机不会反转。图11-15为三相交流电动机反接制动控制电路的识读分析。

补充说明

当电动机在反接制动力矩的作用下转速急速下降到0后，若反接电源不及时断开，电动机将从0开始反向运转，电路的目标是制动，因此电路必须具备及时切断反接电源的功能。

这种制动方式具有电路简单、成本低、调整方便等优点，缺点是制动能耗较大、冲击较大。对4kW以下的电动机制动可不用反接制动电阻。

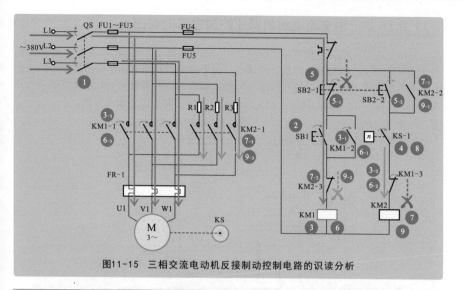

图11-15 三相交流电动机反接制动控制电路的识读分析

【1】合上电源总开关QS，接通三相交流电源。

【2】按下启动按钮SB1。

【2】→【3】交流接触器KM1的线圈得电。

　　【3-1】常开辅助触点KM1-2接通，实现自锁功能。

　　【3-2】常闭辅助触点KM1-3断开，防止接触器KM2的线圈得电，实现联锁功能。

　　【3-3】常开主触点KM1-1接通，电动机接通交流380V电源，开始运转。

【3-3】→【4】速度继电器KS与电动机连轴同速度运转，KS-1接通。

【5】当电动机需要停机时，按下停止按钮SB2。

　　【5-1】SB2内部的常闭触点SB2-1断开。

　　【5-2】SB2内部的常开触点SB2-2闭合。

【5-1】→【6】交流接触器KM1的线圈失电。

　　【6-1】常开辅助触点KM1-2断开，解除自锁功能。

　　【6-2】常闭辅助触点KM1-3闭合，解除联锁功能。

　　【6-3】常开主触点KM1-1断开，电动机断电，惯性运转。

【5-2】→【7】交流接触器KM2的线圈得电。

　　【7-1】常开触点KM2-2闭合，实现自锁功能。

　　【7-2】常闭触点KM2-3断开，防止交流接触器KM1的线圈得电，实现联锁功能。

　　【7-3】常开主触点KM2-1闭合，电动机串联限流电阻R1～R3反接制动。

【8】按下停止按钮SB2后，制动作用使电动机和速度继电器转速减小到零，速度继电器KS常开触点
KS-1断开，切断电源。

【8】→【9】交流接触器KM2的线圈失电。

　　【9-1】常开辅助触点KM2-2断开，解除自锁功能。

　　【9-2】常开辅助触点KM2-3闭合复位。

　　【9-3】常开主触点KM2-1断开，电动机切断电源，制动结束，电动机停止运转。

11.2.10 | 三相交流电动机调速控制电路的识图

　　三相交流电动机调速控制电路主要是由时间继电器、接触器、按钮开关等组成的调速控制电路与三相交流电动机等构成的。该电路是指利用时间继电器控制电动机的低速或高速运转，用户可以通过低速运转按钮和高速运转按钮实现对电动机低速和高速运转的切换控制。图11-16为三相交流电动机调速控制电路的识读分析。

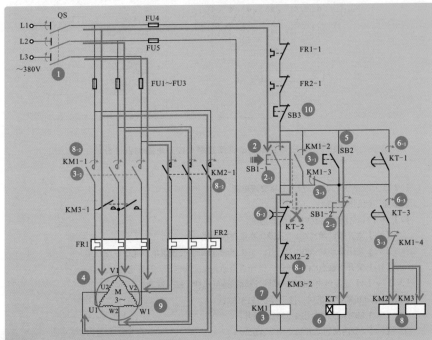

天诚电图

微视频讲解33"三相交流电动机调速控制电路识图"

图11-16　三相交流电动机调速控制电路的识读分析

【1】合上电源总开关QS，接通三相电源。

【2】按下低速运转启动按钮SB1。

　【2-1】常开触点SB1-1闭合。

　【2-2】常闭触点SB1-2断开，防止KT得电。

【2-1】→【3】交流接触器KM1的线圈得电。

　【3-1】常开辅助触点KM1-2闭合自锁。

　【3-2】常开主触点KM1-1闭合，电源为三相交流电动机供电。

　【3-3】常闭辅助触点KM1-3、KM1-4断开，防止继电器KT和交流接触器KM2、KM3的线圈得电。

【3-2】→【4】三相交流电动机低速接线端得电后，开始低速运转。

【5】按下高速运转按钮SB2，其触点闭合。

【5】→【6】时间继电器KT的线圈得电。

【6-1】常开触点KT-1延时闭合自锁，即松开高速运转按钮，电路仍处于导通状态。

【6-2】常闭触点KT-2延时一段时间后断开。

【6-3】常开触点KT-3延时一段时间后闭合。

【6-1】→【7】交流接触器KM1的线圈失电，对应的触点全部复位，即常开触点断开，常闭触点闭合。

【5】+【6-3】→【8】接通电路的供电，电路开始导通，直接使交流接触器KM2和KM3的线圈得电，对应的触点动作。

【8-1】常闭触点KM2-2、KM3-2断开，防止KM1的线圈得电。

【8-2】常开触点KM2-1、KM3-1闭合，电源为三相交流电动机供电。

【8-2】→【9】三相交流电动机开始高速运转。

【10】当需要停机时，按下停止按钮SB3。交流接触器KM1、KM2、KM3和时间继电器KT全部失电，触点全部复位，切断三相交流电动机的供电，电动机停机。

补充说明

　　三相交流电动机的调速方法有多种，如变极调速、变频调速和变转差率调速等方法。通常，车床设备电动机的调速方法主要是变极调速。双速电动机控制是目前应用中最常用的一种变极调速形式。图11-17为双速电动机定子绕组的连接方法。

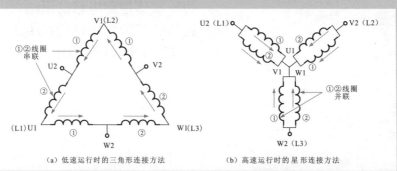

　　（a）低速运行时的三角形连接方法　　　　　（b）高速运行时的星形连接方法

图11-17 双速电动机定子绕组的连接方法

　　图11-17（a）为低速运行时电动机定子的三角形（△）连接方法。在这种接法中，电动机的三相定子绕组接成三角形，三相电源线L1、L2、L3分别连接在定子绕组三个出线端U1、V1、W1上，且每相绕组中点接出的接线端U2、V2、W2悬空不接，此时电动机三相绕组构成三角形连接，每相绕组的①、②线圈相互串联，电路中电流方向如图中箭头所示。若此电动机磁极为4极，则同步转速为1500r/min。

　　图11-17（b）为高速运行时电动机定子的星形（Y）连接方法。这种连接是指将三相电源L1、L2、L3连接在定子绕组的出线端U2、V2、W2上，且将接线端U1、V1、W1连接在一起，此时电动机每相绕组的①、②线圈相互并联，电路中电流方向如图中箭头所示。若此时电动机磁极为2极，则同步转速为3000r/min。

本章系统介绍机电设备控制电路的识图与检修。

● 机电设备控制电路的特点与检修
◇ 机电设备控制电路的特点
◇ 机电设备控制电路的检修
● 机电设备控制电路的识图案例训练
◇ 卧式车床控制电路的识图
◇ 抛光机控制电路的识图
◇ 齿轮磨床控制电路的识图
◇ 摇臂钻床控制电路的识图
◇ 铣床控制电路的识图

第12章

机电设备控制电路识图与检修

12.1 机电设备控制电路的特点与检修

12.1.1 机电设备控制电路的特点

机电设备控制电路主要控制机电设备完成相应的工作，控制电路主要由各种控制部件，如继电器、接触器、按钮开关和电动机设备等构成。图12-1为典型货物升降机的机电控制电路。

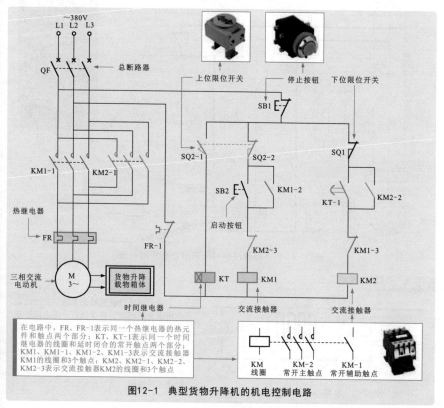

图12-1 典型货物升降机的机电控制电路

12.1.2 | 机电设备控制电路的检修

检测机电设备控制电路，可根据电路的控制关系，借助万用表测量电路的启停功能、控制功能和整机供电性能，进而完成对电路的检验、调试或故障判别。

以货物升降机控制电路为例，为确保人身和设备安全，在电路检测环节，应先在断电状态下，通过手动操作控制部件动作，初步检验电路的基本功能后，再通电测试电路的性能参数，完成电路的检测。

1 启停操作控制时电路启动功能的检测

在货物升降机控制电路中，通过控制按钮、交流接触器实现对电动机的启动和停止控制。当按下启动按钮时，交流接触器KM1供电线路处于通路状态，可用万用表在电路端测试，如图12-2所示。

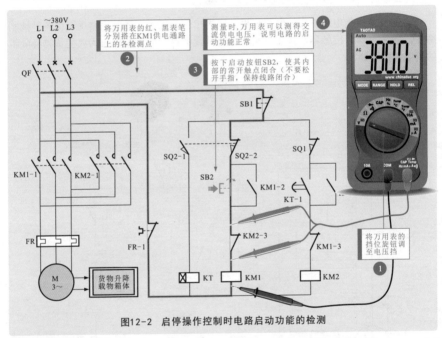

图12-2 启停操作控制时电路启动功能的检测

补充说明

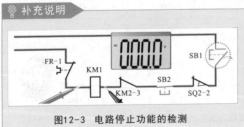

图12-3 电路停止功能的检测

电路停止功能的检测方法与启动功能的检测方法相同，可保持红、黑表笔分别搭在KM1的供电端子上不动。松开启动按钮SB2或按下停止按钮SB1，此时，控制电路部分与供电电路断开，万用表测得电压应为0V，如图12-3所示，否则说明电路中存在短路故障，需要重新调整。

2 限位控制时电路控制功能的检测

在货物升降机控制电路中，通过限位开关与时间继电器实现对货物升降机位置的自动控制。当限位开关SQ2动作时，时间继电器KT线圈的供电电路处于通路状态，可用万用表在电路端测试，如图12-4所示。

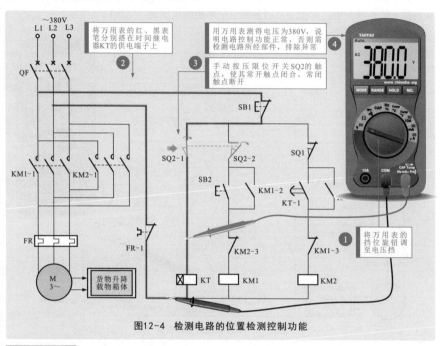

图12-4　检测电路的位置检测控制功能

补充说明

检测货物升降机控制电路的启停或控制功能时，若依据控制关系分析，应闭合或断开的通路出现不闭合或不切断的情况，可根据电气部件的连接关系，逐一检测电路回路中所连接电气部件的性能参数，找到不符合电路控制状态的器件即可，如图12-5所示。

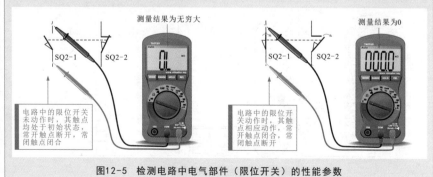

图12-5　检测电路中电气部件（限位开关）的性能参数

3 电路整体性能的检测

若初步检测电路控制关系基本正常，接下来进行通电检测。在确保人身和设备的安全前提下，闭合电路中的电源总开关QF，接通三相电源。按下启动按钮SB2，使电路启动，此时电路进入启动、电动机正转（货物上升）→停转（卸载货物）→反转（货物下降）状态中，可借助万用表测量电路中的电压值，如图12-6所示。

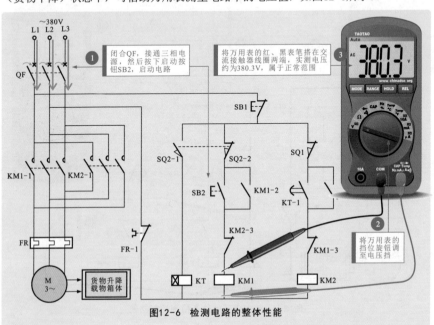

图12-6 检测电路的整体性能

补充说明

货物升降机控制电路的整体性能体现在电路中各电气部件之间的配合工作。当交流接触器线圈得电时，其电气原理使其触点部分联动动作，从而接通三相交流电动机供电，完成电路功能。因此，测量电路的整体性能，可检测三相交流电动机的供电电压，如图12-7所示。

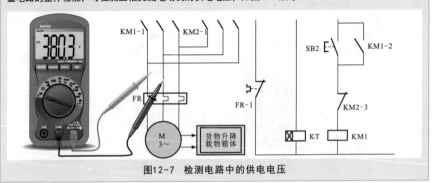

图12-7 检测电路中的供电电压

12.2 机电设备控制电路的识图案例训练

12.2.1 卧式车床控制电路的识图

卧式车床主要用于车削精密零件，加工公制、英制、径节螺纹等，控制电路用于控制车床设备完成相应的工作。图12-8为典型卧式车床控制电路的识读分析。

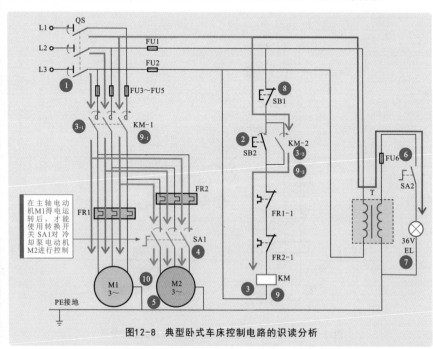

图12-8 典型卧式车床控制电路的识读分析

【1】合上电源总开关QS，接通三相电源。

【2】按下启动按钮SB2，内部常开触点闭合。

【3】交流接触器KM的线圈得电。

　　【3-1】常开主触点KM-1闭合，电动机M1接通三相电源开始运转。

　　【3-2】常开辅助触点KM-2闭合自锁，使交流接触器KM的线圈保持得电。

【4】闭合转换开关SA1。

【3-1】+【4】→【5】冷却泵电动机M2接通三相电源，开始启动运转。

【6】在需要照明灯时，将SA2旋至接通的状态。

【7】照明变压器二次侧输出36V电压，照明灯EL亮。

【8】当需要停机时，按下停止按钮SB1。

【9】交流接触器KM的线圈失电，触点全部复位。

　　【9-1】常开主触点KM-1复位断开，切断电动机供电电源。

　　【9-2】常开辅助触点KM-2复位断开，为下一次自锁控制做好准备。

【9-1】→【10】电动机M1、M2停止运转。

12.2.2 | 抛光机控制电路的识图

图12-9为用脚踏开关控制的抛光机控制电路的识读分析。在控制电路中，L2、L3经变压器降压后，再经过热继电器的常闭触点FR1-1和脚踏开关SA为交流接触器线圈供电。该电路中应选动作可靠的脚踏开关和与开关相连的电缆，确保能长期可靠地工作。

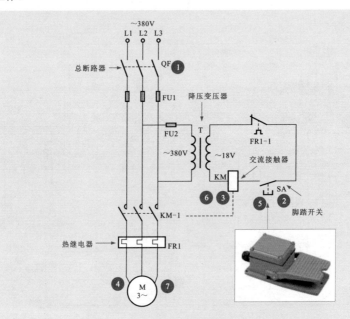

图12-9　用脚踏开关控制的抛光机控制电路的识读分析

【1】闭合总断路器QF，接通三相电源，为电路进入工作状态做好准备。

【2】踏下开关SA，其常开触点闭合。

【3】交流接触器KM的线圈得电，其常开触点KM-1闭合。

【3】→【4】电动机旋转开始工作。

【5】松开脚踏开关SA，其触点复位断开。

【6】交流接触器KM的线圈失电，其常开触点KM-1复位断开。

【6】→【7】电动机停转。

12.2.3 | 齿轮磨床控制电路的识图

磨床是一种以砂轮为刀具来精确而有效地进行工件表面加工的机床。图12-10为典型齿轮磨床控制电路的识读分析。

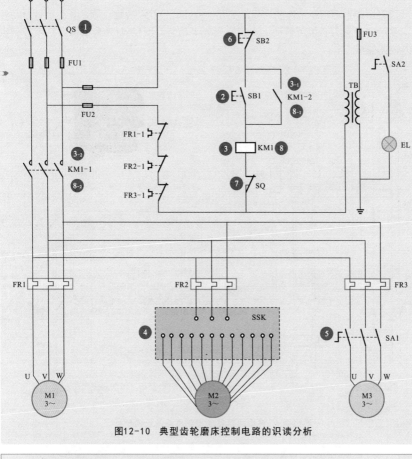

图12-10 典型齿轮磨床控制电路的识读分析

【1】合上电源总开关QS，接通三相电源。

【2】按下启动按钮SB1，触点接通。

【3】交流接触器KM1的线圈得电，相应触点开始动作。

　　【3-1】常开辅助触点KM1-2闭合，实现电路的自锁功能。

　　【3-2】常开主触点KM1-1闭合，电源为电动机M1供电，电动机M1启动运转。

【4】调整多速开关SSK至低速、中速或高速的任意一个位置，电动机M2以不同转速运转。

【5】转动开关SA1，触点闭合，电动机M3启动运转。

【6】按下停止按钮SB2，触点断开。

【7】当电动机M1控制的设备运行碰触到限位开关SQ时，常闭触点断开。

【6】或【7】→【8】交流接触器KM1的线圈失电，相应触点复位动作。

　　【8-1】常开辅助触点KM1-2复位断开，解除自锁功能。

　　【8-2】常开主触点KM1-1复位断开，切断电动机供电，电动机停止运转。

12.2.4 | 摇臂钻床控制电路的识图

摇臂钻床主要用于工件的钻孔、扩孔、铰孔、镗孔及攻螺纹等，具有摇臂自动升降、主轴自动进刀、机械传动、夹紧、变速等功能。图12-11为典型摇臂钻床控制电路的识读分析。

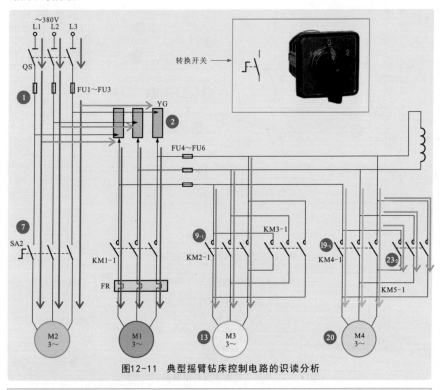

图12-11 典型摇臂钻床控制电路的识读分析

【1】合上电源总开关QS，接通三相电源。

【2】交流电压经汇流环YG为电动机提供工作电压。

【3】将十字开关SA1拨至左端，常开触点SA1-1接通。

【4】过电压保护继电器KV的线圈得电，常开辅助触点KV-1闭合自锁。

【5】将十字开关SA1拨至右端，使常开触点SA1-2接通。

【6】交流接触器KM1的线圈得电，触点KM1-1接通，主轴电动机M1运转。

【7】闭合旋转开关SA2，触点接通，冷却泵电动机M2运转。

【8】将开关SA1拨至左端为控制电路送电，将SA1拨至上端，触点SA1-3闭合。

【8】→【9】交流接触器KM2的线圈得电，相应的触点动作。

　　【9-1】常开主触点KM2-1闭合，摇臂升降电动机M3正向运转。

　　【9-2】常闭辅助触点KM2-2断开，防止交流接触器KM3的线圈得电。

【9-1】→【10】通过机械传动，使辅助螺母在丝杠上旋转上升，带动了夹紧装置松开，限位开关SQ2-2触头闭合，为摇臂上升后的夹紧动作做准备。

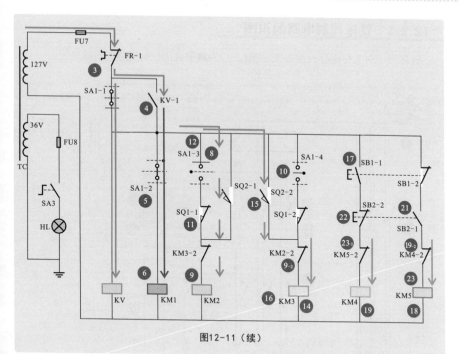

图12-11（续）

【11】摇臂松开后，辅助螺母继续上升，带动一个主螺母沿丝杠上升，主螺母推动摇臂上升。当摇臂上升到预定高度时限位开关SQ1-1触头断开。

【12】将十字开关SA1拨至中间位置，SA1触点复位，交流接触器KM2的线圈失电，触点全部复位。

【13】摇臂升降电动机的供电电路断开，电动机M3停止运转，摇臂停止上升。

【14】交流接触器KM3的线圈得电，常开主触点KM3-1闭合，摇臂升降电动机M3反向运转。

【15】电动机通过辅助螺母使夹紧装置将摇臂夹紧，但摇臂并不下降。当摇臂完全夹紧时，限位开关SQ2-2触头随即断开。

【16】交流接触器KM3的线圈失电，触点全部复位，电动机M3停转，摇臂上升动作结束。

【17】当摇臂和外立柱需绕内立柱转动时，按下按钮SB1，常开触点SB1-1闭合。

【17】→【18】常闭触点SB1-2断开，防止交流接触器KM5的线圈得电，起联锁保护作用。

【17】→【19】交流接触器KM4的线圈得电，相应触点动作。

【19-1】常开主触点KM4-1闭合。

【19-2】常闭辅助触点KM4-2断开，防止交流接触器KM5的线圈得电。

【19-1】→【20】电动机M4正向运转，油压泵送出高压油，经油路系统和传动机构使立柱松开。

【21】当摇臂和外立柱转到所需的位置时，按下按钮SB2，常开触点SB2-1闭合。

【22】常闭触点SB2-2断开，防止交流接触器KM4的线圈得电，起联锁保护作用。

【23】交流接触器KM5的线圈得电，在电路中相对应的触点动作。

【23-1】交流接触器的常闭辅助触点KM5-2断开，防止交流接触器KM4的线圈得电。

【23-2】主触点KM5-1闭合，电动机M4反向运转，在液压系统推动下夹紧外立柱。

12.2.5 | 铣床控制电路的识图

铣床用于对工件进行铣削加工。图12-12为典型铣床控制电路的识读分析。

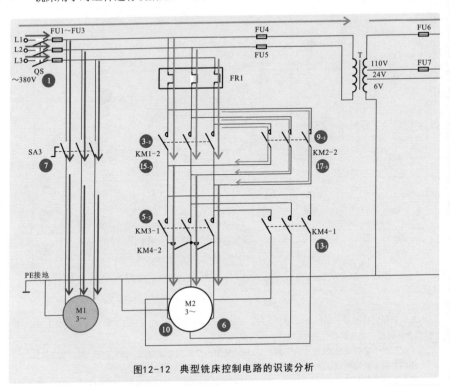

图12-12 典型铣床控制电路的识读分析

【1】合上电源总开关QS，接通三相电源。

【2】按下正转启动按钮SB2，其触点闭合。

【3】交流接触器KM1的线圈得电，相应触点动作。

　　【3-1】常开触点KM1-1闭合，实现自锁功能（维持KM1的线圈得电）。

　　【3-2】常闭触点KM1-3断开，防止KM2的线圈得电。

　　【3-3】常开主触点KM1-2闭合，为M2正转做好准备。

【1】→【4】转动双速开关SA1至低速状态，即触点A、B接通。

【5】交流接触器KM3的线圈得电，其常开、常闭触点动作。

　　【5-1】常闭辅助触点KM3-2断开，防止KM4的线圈得电。

　　【5-2】常开主触点KM3-1闭合，电源为M2供电。

【3-3】+【5-2】→【6】铣头电动机M2绕组呈△形连接接入电源，开始低速正向运转。

【7】冷却泵电动机M1通过转换开关SA3直接进行启停的控制，在机床工作工程中，当需要为铣床提供冷却液时，可合上转换开关SA3，接通冷却泵电动机M1的供电电压，电动机M1启动运转。

　　当机床工作过程中不需要开启冷却泵电动机时，将转换开关SA3断开，切断供电电源，冷却泵电动机M1停止运转。

【8】当铣头电动机M2需要低速反转运转加工工件时，按下反转启动按钮SB3，其常开触点闭合。

【9】交流接触器KM2的线圈得电。

　　【9-1】常开辅助触点KM2-1接通，实现自锁功能。

　　【9-2】常闭辅助触点KM2-3断开，防止交流接触器KM1的线圈得电，实现联锁功能。

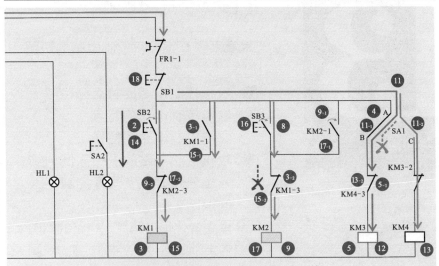

图12-12　典型铣床控制电路的识读分析（续）

　　【9-3】常开主触点KM2-2接通，铣头电动机M2绕组呈△形连接。

【9-3】→【10】铣头电动机M2低速反转启动运转。

【11】当铣头电动机M2需要高速正转运转加工工件时，将双速开关SA1拨至高速运转位置。

　　【11-1】SA1的A、B点断开。

　　【11-2】SA1的A、C点接通。

【11-1】→【12】交流接触器KM3的线圈失电，触点复位，电动机低速运转停止。

【11-2】→【13】交流接触器KM4的线圈得电。

　　【13-1】常开主触点KM4-1、KM4-2接通，为铣头电动机M2高速运转做好准备。

　　【13-2】常闭辅助触点KM4-3断开，防止交流接触器KM3的线圈得电，起联锁保护作用。

【14】按下正转启动按钮SB2，其内部常开触点闭合。

【15】交流接触器KM1的线圈得电。

　　【15-1】常开辅助触点KM1-1接通，实现自锁功能。

　　【15-2】常开辅助触点KM1-3断开，防止接触器KM2的线圈得电，实现联锁功能。

　　【15-3】常开主触点KM1-2接通，铣头电动机M2绕组呈YY形高速正转启动运转。

【16】当铣头电动机M2需高速反转运转加工工件时，按下反转启动按钮SB3，其常开触点闭合。

【17】交流接触器KM2的线圈得电。

　　【17-1】常开辅助触点KM2-1接通，实现自锁功能。

　　【17-2】常闭辅助触点KM2-3断开，防止交流接触器KM1的线圈得电，实现联锁功能。

　　【17-3】常开主触点KM2-2接通，铣头电动机M2绕组呈YY形高速反转启动运转。

【18】当铣削加工操作完成后，按下停止按钮SB1，无论铣头电动机M2以何种方向或速度运转，接触器线圈均失电，铣头电动机M2停止运转。

本章系统介绍农机控制电路的识图与检修。

● 农机控制电路的特点与检修
◇ 农机控制电路的特点
◇ 农机控制电路的检修
● 农机控制电路的识图案例训练
◇ 禽类养殖孵化室湿度控制电路的识图
◇ 禽蛋孵化恒温箱控制电路的识图
◇ 养鱼池间歇增氧控制电路的识图
◇ 蔬菜大棚温度控制电路的识图
◇ 秸秆切碎机控制电路的识图
◇ 磨面机控制电路的识图

第13章
农机控制电路识图与检修

13.1 | 农机控制电路的特点与检修

13.1.1 | 农机控制电路的特点

农机控制电路是指使用在农业生产中所需要设备的控制电路，如排灌设备、农产品加工设备、养殖和畜牧设备等。图13-1为典型自动排灌控制电路。

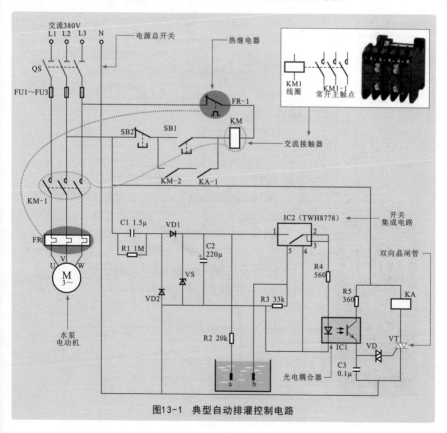

图13-1 典型自动排灌控制电路

13.1.2 | 农机控制电路的检修

　　农机控制电路的检修应根据控制关系，对电路中的控制部件和功能部件进行检测。在农田排灌自动控制电路中，接通供电电源后，由开关集成电路IC2、光电耦合器IC1、启动按钮SB1等对电路进行控制。根据控制关系可知，当水位达到要求时，可进行排灌操作；当水位过低时，则停止排灌。

　　由此可知，当电路功能出现异常，如水位正常、排灌不正常时，可能是开关集成电路IC2、光电耦合器IC1、继电器KA、交流接触器KM和启动按钮SB1等出现异常，可分别对这几个重要部件进行检测。

1 开关集成电路的检测

　　开关集成电路是农田排灌自动控制电路中的主要控制部件之一，检测时可在排水状态下检测开关集成电路2脚输出的电压是否正常。若输出异常，则继续对其内部的触点进行检测，即检测1脚与5脚间的阻值是否正常，如图13-2所示。

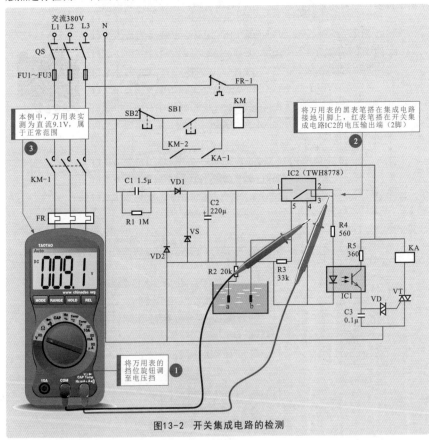

图13-2　开关集成电路的检测

2 光电耦合器的检测

若检测开关集成电路可以正常工作，则根据电路关系，可进一步检测光电耦合器。光电耦合器内部是由一个发光二极管和一个光敏晶体管构成的。检测时，需分别检测内部的发光二极管和光敏晶体管是否正常，如图13-3所示。

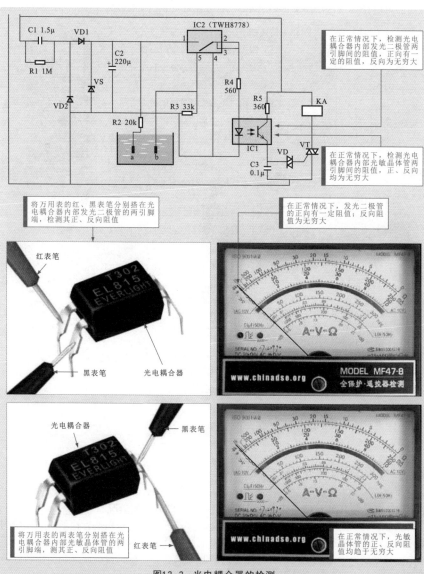

图13-3　光电耦合器的检测

3 继电器的检测

继电器KA也是电路中的重要器件，主要用于控制交流接触器线圈的得电状态，因此对继电器性能的检测也是非常重要的。

判断继电器KA是否正常，可将其取下。通常可借助万用表检测继电器线圈与触点间的阻值是否正常，如图13-4所示。

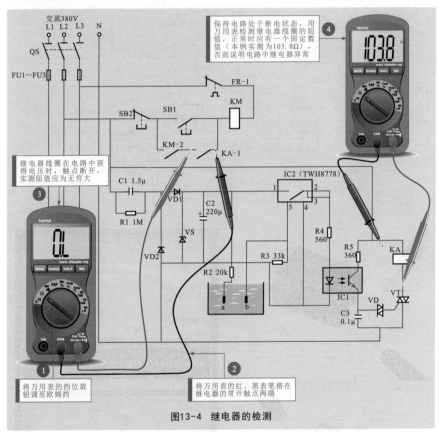

图13-4 继电器的检测

4 交流接触器和启动按钮的检测

交流接触器和启动按钮在该电路中均用于实现对电动机的控制，两个器件不能正常工作均可造成电路启停功能失常、电动机供电性能异常的情况。

因此，在检测电路时，还可以重点对交流接触器和启动按钮进行检测。具体检测操作时，可根据电路测试结果，选择在断电或通电状态下检测交流接触器或启动按钮触点的通断状态及这些电气部件对电路的通断控制状态，根据检测结果判断电路好坏即可。

13.2 农机控制电路的识图案例训练

13.2.1 禽类养殖孵化室湿度控制电路的识图

禽类养殖孵化室湿度控制电路用来控制孵化室内的湿度维持在一定范围内。当孵化室内的湿度低于设定的湿度时，自动启动加湿器进行加湿工作；当孵化室内的湿度达到设定的湿度时，自动停止加湿器工作，从而保证孵化室内湿度保持在一定范围内。图13-5为禽类养殖孵化室湿度控制电路的识读分析。

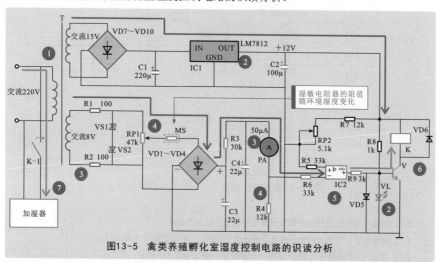

图13-5　禽类养殖孵化室湿度控制电路的识读分析

【1】接通电源，交流220V电压经电源变压器T降压后，由二次侧分别输出交流15V、8V电压。

【2】交流15V电压经桥式整流堆VD7～VD10整流、滤波电容器C1滤波、三端稳压器IC1稳压后，输出+12V直流电压，为湿度控制电路供电，指示灯VL点亮。

【3】交流8V电压经限流电阻器R1、R2限流，稳压二极管VS1、VS2稳压后输出交流电压，经可调电阻器RP1调整取样，湿敏电阻器MS降压，桥式整流堆VD1～VD4整流，限流电阻器R3限流，滤波电容器C3、C4滤波后，加到电流表PA上。

【4】当禽类养殖孵化室内的环境湿度较低时，湿敏电阻器MS的阻值变大，桥式整流堆输出电压减小（流过电流表PA上的电流就变小，进而流过电阻器R4的电流也变小）。

【5】电压比较器IC2的反相输入端（—）的比较电压低于正向输入端（＋）的基准电压，因此由其电压比较器IC2的输出端输出高电平。

【6】晶体管V导通，继电器K的线圈得电。

【7】常开触点K-1闭合，接通加湿器的供电电源，加湿器开始加湿工作。

13.2.2 禽蛋孵化恒温箱控制电路的识图

禽蛋孵化恒温箱控制电路用来控制恒温箱内的温度保持恒定温度值。当恒温箱内的温度降低时，自动启动加热器进行加热工作；当恒温箱内的温度达到预定的温度时，自动停止加热器工作，从而保证恒温箱内温度的恒定。图13-6为禽蛋孵化恒温箱控制电路的识读分析。

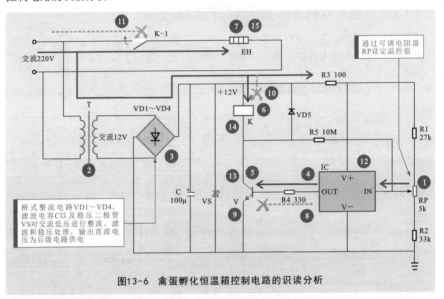

图13-6 禽蛋孵化恒温箱控制电路的识读分析

【1】通过可调电阻器RP预先调节好禽蛋孵化恒温箱内的温控值。

【2】接通电源，交流220V电压经电源变压器T降压后，由二次输出交流12V电压。

【3】交流12V电压经桥式整流流堆VD1～VD4整流、滤波电容器C滤波、稳压二极管VS稳压后，输出+12V直流电压，为温度控制电路供电。

【4】当禽蛋孵化恒温箱内的温度低于可调电阻器RP预先设定的温控值时，温度传感器集成电路IC的OUT端输出高电平。

【5】三极管V导通。

【6】继电器K的线圈得电。

【7】常开触点K-1闭合，接通加热器EH的供电电源，加热器EH开始加热工作。

【8】当禽蛋孵化恒温箱内的温度上升至可调电阻器RP预先设定的温控值时，温度传感器集成电路IC的OUT端输出低电平。

【9】三极管V截止。

【10】继电器K的线圈失电。

【11】常开触点K-1复位断开，切断加热器EH的供电电源，加热器EH停止加热工作。

【12】加热器停止加热一段时间后，禽蛋孵化恒温箱内的温度缓慢下降，当禽蛋孵化恒温箱内的温度再次低于可调电阻器RP预先设定的温控值时，温度传感器集成电路IC的OUT端再次输出高电平。

【13】三极管V再次导通。

【14】继电器K的线圈再次得电。

【15】常开触点K-1闭合，再次接通加热器EH的供电电源，加热器EH开始加热工作。如此反复循环加热来保证禽蛋孵化恒温箱内的温度恒定。

13.2.3 | 养鱼池间歇增氧控制电路的识图

养鱼池间歇增氧控制电路是一种控制电动机间歇工作的电路，通过定时器集成电路输出不同相位的信号控制继电器的间歇工作，同时通过控制开关的闭合与断开来控制继电器触点接通与断开时间的比例。图13-7为养鱼池间歇增氧控制电路的识读分析。

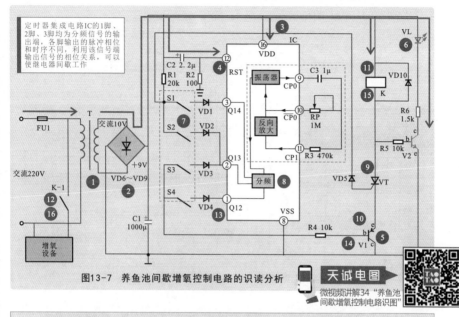

图13-7 养鱼池间歇增氧控制电路的识读分析

微视频讲解34 "养鱼池间歇增氧控制电路识图"

【1】接通电源，交流220V电压经电源变压器T降压后，由二次侧输出交流10V电压。

【2】交流10V电压经桥式整流堆VD6～VD9整流、滤波电容器C1滤波后，输出＋9V直流电压。

【2】→【3】＋9V直流电压一路直接加到定时器集成电路IC的16脚，为其提供工作电压。

【2】→【4】＋9V直流电压另一路经电容器C2、电阻器R2加到定时器集成电路IC的12脚，振荡器启动，使定时器集成电路中的计数器清零复位。

【5】当晶闸管VT和三极管V1都导通时，继电器K才会动作。

【6】三极管V2基极为高电平时，VL发光。

【7】假设将开关S1和S3设置为断开，S2和S4设置为闭合。

【8】在定时器集成电路IC的1、2、3脚输出不同频率和相位的脉冲信号。

【9】通过脉冲信号触发晶闸管VT导通。

【10】低电平使三极管V1导通。

【11】晶闸管VT和三极管V1导通后，继电器K的线圈得电。

【12】常开触点K-1闭合，接通增氧设备供电电源，增氧设备启动进行增氧工作。

【13】在定时器集成电路IC的1脚输出高电平的时段。

【14】三极管V1也截止。

【15】继电器K的线圈失电。

【16】常开触点K-1复位断开，切断增氧设备供电电源，增氧设备停止进行增氧工作。

13.2.4 | 蔬菜大棚温度控制电路的识图

蔬菜大棚温度控制电路是指自动对大棚内的环境温度进行调控的电路。该类电路一般利用热敏电阻器检测环境温度，通过热敏电阻器阻值的变化来控制整个电路的工作，使加热器在低温时加热、高温时停止工作，维持大棚内的温度恒定。图13-8为蔬菜大棚温度控制电路的识读分析。

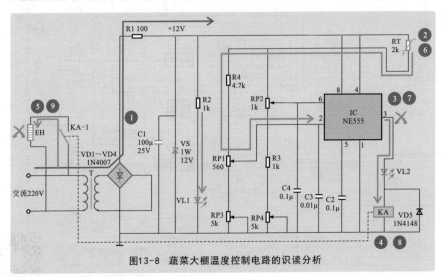

图13-8　蔬菜大棚温度控制电路的识读分析

【1】交流220V电压经变压器T降压后变为交流低压，再经过桥式整流堆、滤波电容、稳压二极管后变为12V直流电压输出，为后级电路供电。

【2】当大棚中的温度较低时，热敏电阻器RT的阻值减小，使NE555时基电路的2脚的电压升高。

【3】NE555时基电路的3脚输出高电平，指示灯VL2点亮。

【4】继电器KA的线圈得电，触点动作。

【5】KA的常开触点KA-1接通，加热器得电开始加热，大棚内温度升高。

【6】当大棚中的温度较高时，热敏电阻器RT的阻值变大，使NE555时基电路的2脚的电压降低。

【7】NE555时基电路的3脚输出低电平，指示灯VL2熄灭。

【8】继电器KA的线圈失电，触点复位。

【9】KA的常开触点KA-1复位断开，加热器失电，停止加热。加热器反复工作，维持大棚内的温度恒定。

◆ 补充说明 ▶

在图13-8中，NE555时基电路的外围设置有多个可调电阻器（RP1~RP4），通过调节这些可调电阻器的大小，可以设置NE555时基电路的工作参数，从而调节大棚内的恒定温度。

NE555时基电路的应用十分广泛，特别在一些自动触发电路、延时触发电路中的应用较多。另外，NE555时基电路根据外围引脚连接元件的不同，其实现的功能也有所区别。

13.2.5 | 秸秆切碎机控制电路的识图

　　秸秆切碎机驱动控制电路是指利用两个电动机带动机器上的机械设备动作，完成送料和切碎工作的一类农机控制电路，该电路可有效节省人力劳动，提高工作效率。图13-9为秸秆切碎机控制电路的识读分析。

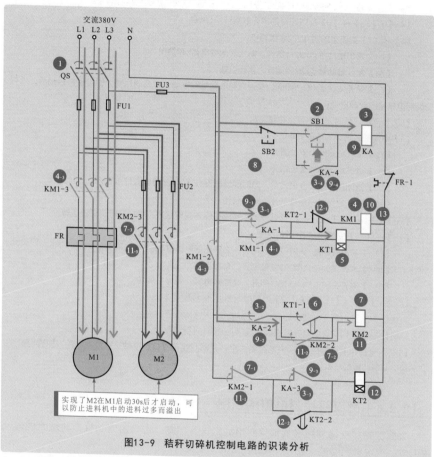

图13-9　秸秆切碎机控制电路的识读分析

【1】合上电源总开关QS。

【2】按下启动按钮SB1。

【3】中间继电器KA的线圈得电。

　　【3-1】常开触点KA-1闭合。

　　【3-2】常开触点KA-2闭合。

　　【3-3】常闭触点KA-3断开，防止时间继电器KT2的线圈得电。

　　【3-4】常开触点KA-4闭合，实现自锁。

【3-1】→【4】交流接触器KM1的线圈得电。

【4-1】常开辅助触点KM1-1闭合，实现自锁。

【4-2】常开辅助触点KM1-2闭合。

【4-3】常开主触点KM1-3闭合，切料电动机M1启动运转。

【3-1】→【5】时间继电器KT1的线圈得电，开始计时（30s），实现延时功能。

【4-2】+【3-2】→【6】延时闭合的常开触点KT1-1闭合。

【6】→【7】交流接触器KM2的线圈得电。

【7-1】常闭辅助触点KM2-1断开，防止时间继电器KT2得电。

【7-2】常开辅助触点KM2-2闭合，实现自锁。

【7-3】常开主触点KM2-3闭合，接通送料电动机M2电源，M2启动运转。即实现M1启动后，延时30s后电动机M2自动启动。

【8】当需要停机时，按下停止按钮SB2。

【9】中间继电器KA的线圈失电。

【9-1】常开触点KA-1复位断开。

【9-2】常开触点KA-2复位断开。

【9-3】常闭触点KA-3复位闭合，为时间继电器KT2的线圈得电做好准备。

【9-4】常开触点KA-4复位断开，解除自锁。

【9-1】+【4-1】→【10】交流接触器KM1的线圈仍保持得电状态，电动机M1仍保持运转。

【9-2】→【11】交流接触器KM2的线圈失电。

【11-1】常闭辅助触点KM2-1复位闭合，为时间继电器KT2得电做好准备。

【11-2】常开辅助触点KM2-2复位断开，解除自锁。

【11-3】常开主触点KM2-3复位断开，切断M2电源，M2停止运转。

【4-2】+【9-3】+【11-1】→【12】时间继电器KT2的线圈得电。

【12-1】延时断开的常闭触点KT2-1延时一段时间后断开。

【12-2】延时闭合的常开触点KT2-2延时一段时间后闭合。

【12-1】→【13】交流接触器KM1的线圈失电，其触点全部复位，电动机M1断电停转。即实现M2停转一段时间后，电动机M1停转。

13.2.6 | 磨面机控制电路的识图

磨面机控制电路利用电气部件对电动机进行控制，进而由电动机带动磨面机械设备工作，实现磨面功能。图13-10为磨面机控制电路的识读分析。

【1】合上电源总开关QS，接通三相电源。

【2】按下启动按钮ST，其触点闭合。

【2】→【3】交流接触器KM的线圈得电。

【3-1】常开辅助触点KM-1闭合。

【3-2】主触点KM-2闭合，接通三相电源。

【3-2】→【4】磨面电动机M启动运转，带动负载工作。

【2】→【5】继电器KA的线圈得电，常开触点KA-1闭合。

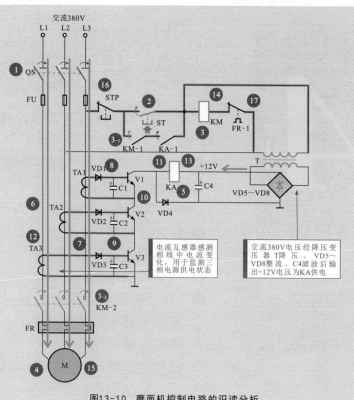

交流380V

① QS
FU
⑯ STP
② ST
ST
③-1 KM-1 KA-1
③ KM
⑭ KM
⑰ FR-1
⑪ ⑬ +12V
⑧ VD1 V1
TA1
C1
KA ⑤ C4
⑩
⑥ TA2
VD2 C2
V2 VD4
VD5~VD8 T
⑫ TA3
⑦ ⑨
VD3 C3
V3
③-2 KM-2
FR
④ M ⑮

电流互感器感测相线中电流变化,用于监测三相电源供电状态

交流380V电压经降压变压器T降压、VD5~VD8整流、C4滤波后输出+12V电压为KA供电

图13-10 磨面机控制电路的识读分析

【6】当电动机启动后三相供电电路中都有电流流过。

【7】TA1~TA3中感应出交流电压。

【8】交流电压经VD1~VD3,输出直流电压。

【9】三路直流电压分别经滤波电容器C1~C3滤波后,加到三个三极管的基极上。

【10】三个三极管V1~V3均导通。

【11】继电器KA的线圈得电,其常开触点KA-1闭合,电动机M正常工作。

【12】当三相供电电路中出现某一相有断相情况时,三个电流互感器中会有一个无信号输出,三个三极管V1、V2、V3中会有一个截止。

【13】继电器KA的线圈失电,KA常开触点KA-1复位断开。

【14】交流接触器KM的线圈失电,自锁触点KM-1复位断开,解除自锁;KM的主触点KM-2复位断开,切断三相电源。

【15】电动机M停止工作,实现断相保护。

【16】磨面机电动机的停机控制过程与启动控制过程相似。当需要结束工作时,按下停机键STP,整个控制电路失电;交流接触器KM的线圈断电,KM-1、KM-2触点断开,磨面电动机停止工作。

【17】在连续工作时间过长时,机器温升会过高,热继电器FR会自动断开,切断电动机的供电电源,同时也切断了KM的供电,磨面机进入断电保护状态。这种情况在冷却后仍能正常工作。

14

本章系统介绍PLC及变频电路的识图与检修。

● PLC控制电路的特点与检修

◇ PLC控制电路的特点

◇ PLC控制电路的检修

● 变频控制电路的特点与检修

◇ 变频控制电路的特点

◇ 变频控制电路的检修

● PLC及变频电路的识图案例训练

◇ 三相交流电动机联锁启停PLC控制电路的识图

◇ 三相交流电动机反接制动PLC控制电路的识图

◇ 电动葫芦PLC控制电路的识图

◇ 自动门PLC控制电路的识图

◇ PLC和变频器组合的刨床控制电路的识图

◇ 鼓风机变频驱动控制电路的识图

◇ 球磨机变频驱动控制电路的识图

◇ 物料传输机变频驱动控制电路的识图

第14章
PLC及变频电路识图与检修

14.1 PLC控制电路的特点与检修

14.1.1 PLC控制电路的特点

PLC控制电路是将操作部件和功能部件直接连接到PLC的相应接口上，并根据PLC内部程序的设定实现相应控制功能的电路。

图14-1为由PLC控制的电动机连续运行电路的结构组成。该电路主要是由总断路器QF、PLC、按钮开关（SB1、SB2）、交流接触器KM、指示灯HL1和HL2等组成的。

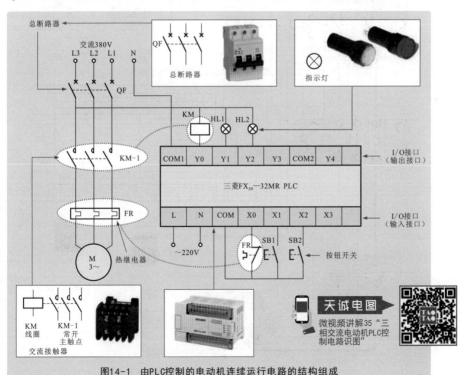

图14-1 由PLC控制的电动机连续运行电路的结构组成

PLC的控制部件和执行部件分别连接在相应的I/O接口上，根据I/O分配表连接，见表14-1。

表14-1　I/O分配表

输入地址编号			输出地址编号		
部　件	代　号	地址编号	部　件	代　号	地址编号
热继电器	FR	X0	交流接触器	KM	Y0
启动按钮	SB1	X1	运行指示灯	HL1	Y1
停止按钮	SB2	X2	停机指示灯	HL2	Y2

图14-2为PLC控制的电动机连续运行电路的连接关系。

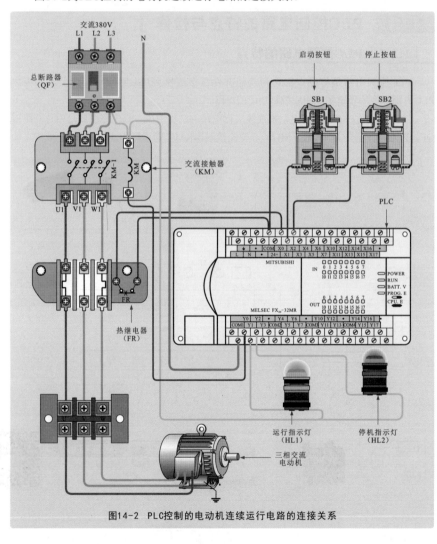

图14-2　PLC控制的电动机连续运行电路的连接关系

由PLC控制的电动机连续运行电路的识读分析如图14-3所示。

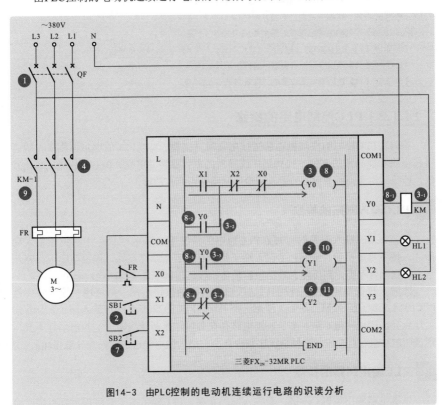

图14-3 由PLC控制的电动机连续运行电路的识读分析

【1】合上总断路器QF，接通三相交流电源。

【2】按下启动按钮SB1，触点闭合，将输入继电器常开触点X1置1，即常开触点X1闭合。

【2】→【3】输出继电器Y0得电。

　　【3-1】交流接触器KM的线圈得电。

　　【3-2】自锁常开触点Y0（KM-2）闭合自锁。

　　【3-3】控制输出继电器Y1的常开触点Y0（KM-3）闭合。

　　【3-4】控制输出继电器Y2的常闭触点Y0（KM-4）断开。

【3-1】→【4】主电路中的主触点KM-1闭合，接通三相交流电动机M的电源，M启动运转。

【3-3】→【5】输出继电器Y1得电，运行指示灯HL1点亮。

【3-4】→【6】输出继电器Y2失电，停机指示灯HL2熄灭。

【7】当需要停机时，按下停止按钮SB2，触点闭合，将输入继电器常闭触点X2置1，即常闭触点X2断开。

【7】→【8】输出继电器Y0失电。

　　【8-1】交流接触器KM的线圈失电。

【8-2】自锁常开触点Y0（KM-2）复位断开，解除自锁。

【8-3】控制输出继电器Y1的常开触点Y0（KM-3）复位断开。

【8-4】控制输出继电器Y2的常闭触点Y0（KM-4）复位闭合。

【8-1】→【9】主电路中的主触点KM-1复位断开，切断M的电源，M失电停转。

【8-3】→【10】输出继电器Y1失电，运行指示灯HL1熄灭。

【8-4】→【11】输出继电器Y2得电，停机指示灯HL2点亮。

14.1.2 PLC控制电路的检修

检修由PLC控制的电动机连续运行电路时，主要应结合PLC的梯形图程序，检查引起电路功能异常的部位，找到损坏或异常的电气部件并更换。PLC的故障概率比较低，检修时可重点排查PLC的输入和输出回路是否存在故障。

1 PLC输入回路的检修

检修PLC的输入回路时，可在PLC通电的情况下（非运行状态，避免设备误动作），按下启动按钮，观察PLC输入端子指示灯，若指示灯点亮，则说明输入回路正常；若指示灯不亮，则可能为启动按钮损坏、线路接触不良或有断线故障。

此时，可在断电状态下检测启动按钮。若启动按钮正常，则可用一根导线短接PLC的输入端子和COM公共端（注意：不可碰触PLC的220V或110V输入端子）。若指示灯点亮，则说明PLC输入端子外接电路存在故障，重新接线即可；若指示灯不亮，则说明PLC输入点损坏（这种情况比较少见，一般为强电误送入输入点导致损坏）。

2 PLC输出回路的检修

以继电器输出型PLC为例。若输入回路正常，PLC输出端子对应指示灯点亮，输出端所连接的执行部件，如交流接触器KM的线圈不得电、不动作，则多为输出回路故障。

首先排查交流接触器的供电是否正常。若供电正常，则应进一步检查执行部件本身有无异常，即检查交流接触器KM的线圈、触点有无断路及电路连接是否正常等。

若交流接触器等执行部件均正常，则可借助万用表的电压挡检测PLC输出端与公共端之间的电压，若电压为0或接近于0，则说明PLC的输出端正常，故障点在外围；若电压较高，则说明PLC输出端触点的接触电阻过大，已经损坏。

补充说明

在PLC控制回路的检修过程中，若PLC输出端指示灯不亮，但对应的交流接触器动作，则多为输出端出现短路故障（如因过载短路引起输出端的触点烧熔粘连）此时，可将PLC输出端的外接电路拆下，在断电状态下，用万用表的电阻挡检测输出端与公共端之间的阻值，若阻值较小，则说明输出端的内部触点已损坏；若阻值为无穷大，则说明输出端正常，指示灯不亮，多为指示灯本身损坏。

另外，PLC内部硬件或软件运行出错的概率很低。PLC输入端的触点除非误加入强电，否则也很少损坏；PLC输出继电器的常开触点寿命比较长（外围负载短路或负载电流超出额定范围时可能导致触点短路）。因此，检修PLC控制电路时，应重点检测PLC外接的电气部件和电路的接线情况。

14.2 变频控制电路的特点与检修

14.2.1 变频控制电路的特点

变频控制电路是利用变频器对三相交流电动机进行启动、变频调速和停机等多种控制的电路。

图14-4为典型工业绕线机变频控制电路的结构组成。

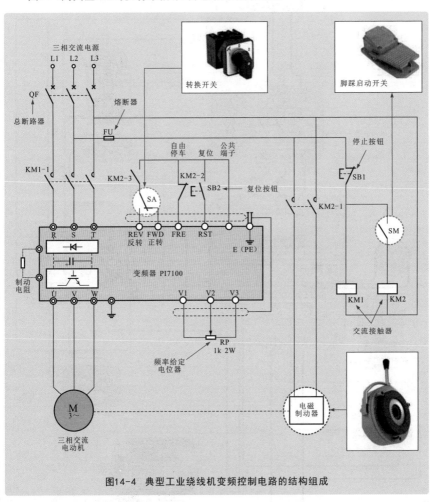

图14-4 典型工业绕线机变频控制电路的结构组成

工业绕线机变频控制电路的连接控制关系如图14-5所示。该控制电路主要由总断路器（QF）、交流接触器（KM1、KM2）、变频器（PI7100）、停止按钮（SB1）、脚踩启动开关（SM）、电磁制动器等部分构成。

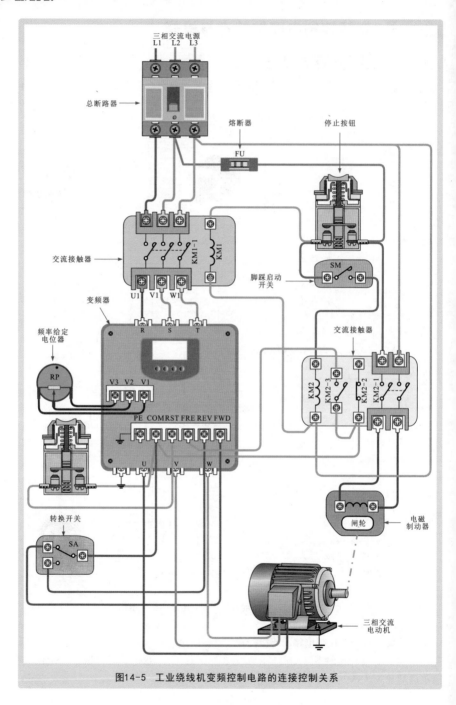

图14-5 工业绕线机变频控制电路的连接控制关系

工业绕线机变频控制电路的识读分析如图14-6所示。

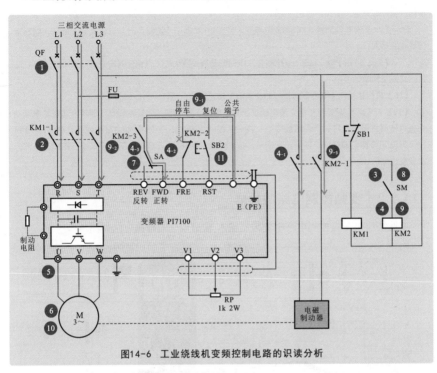

图14-6 工业绕线机变频控制电路的识读分析

【1】合上总断路器QF，接通三相交流电源。

【2】交流接触器KM1的线圈得电，常开主触点KM1-1闭合，变频器的主电路输入端R、S、T得电，变频器进入待机准备工作状态。

【3】按下脚踩启动开关SM。

【3】→【4】交流接触器KM2的线圈得电。

【4-1】常开主触点KM2-1闭合，接通电磁制动器电源，进入准备工作状态。

【4-2】常闭辅助触点KM2-2断开，变频器FRE端子（自由停车）与公共端子断开，切断变频器自由停车指令的输入。

【4-3】常开辅助触点KM2-3闭合，变频器FWD端子（正转运行）与公共端子COM短接。

【4-3】→【5】变频器内部主电路开始工作，U、V、W端输出变频电源，电源频率按预置的升速时间上升至频率给定电位器设定的数值。

【6】三相交流电动机按照给定的频率正向运转。

【7】若需要三相交流电动机反向运转，则拨动转换开关SA到REV端，使REV端与公共端短接，变频器执行反转指令。

【8】松开脚踩启动开关SM。

【8】→【9】交流接触器KM2的线圈失电。

【9-1】常闭辅助触点KM2-2复位闭合，变频器FRE端子（自由停车）与公共端子短接，变频器执行自由停车命令，变频器停止输出。

【9-2】常开辅助触点KM2-3复位断开，变频器FWD端子（正转运行）与公共端子断开，切断运行指令的输入。

【9-3】常开主触点KM2-1复位断开，电磁制动器线圈失电，根据延时继电器（图中未画出）设定的时间反相制动抱闸。

【10】机械抱闸与变频器配合使三相交流电动机迅速停止运转。

【11】若变频器检测到三相交流电动机出现过电流、过电压、过载等故障，则其内部保护电路动作也可使系统停止运行。待排除故障后，按一下复位按钮SB2，变频器的RST复位端子与公共端COM短接，可使变频器立即复位，恢复正常使用。按下停止按钮SB1，可直接切断变频器的三相交流电源，实现系统停机。

14.2.2 │ 变频控制电路的检修

工业绕线机变频控制电路中变频器输入/输出电压的检测方法如图14-7所示。

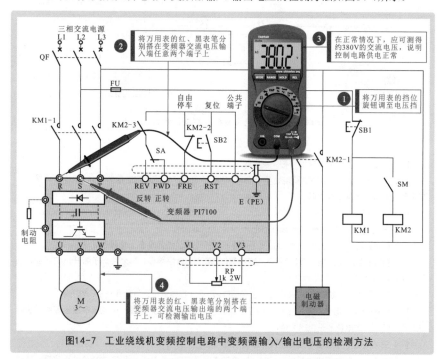

图14-7 工业绕线机变频控制电路中变频器输入/输出电压的检测方法

若变频器输入电压正常，则说明控制电路已工作，交流接触器得电，触点闭合，此时若变频器无任何电压输出，则多为变频器本身异常，需要检修变频器；若按下启动按钮，电路无反应，变频器输入端无电压，则说明电路未进入启动状态，需要检测启动按钮、交流接触器等电气部件。

14.3 PLC及变频电路的识图案例训练

14.3.1 三相交流电动机联锁启停PLC控制电路的识图

　　三相交流电动机联锁启停PLC控制电路实现了两台电动机顺序启动、反顺序停机的控制过程，将PLC内部梯形图与外部电气部件控制关系结合，了解具体控制过程。

　　表14-2为三相交流电动机联锁启停PLC控制电路的I/O分配表，图14-8为该电路的识读分析。

表14-2　三相交流电动机联锁启停PLC控制电路的I/O分配表

输入信号及地址编号			输出信号及地址编号		
名　称	代号	输入点地址编号	名　称	代号	输出点地址编号
热继电器	FR1-1、FR2-1	X0	控制电动机M1的交流接触器	KM1	Y0
M1停止按钮	SB1	X1	控制电动机M2的交流接触器	KM2	Y1
M1启动按钮	SB2	X2			
M2停止按钮	SB3	X3			
M2启动按钮	SB4	X4			

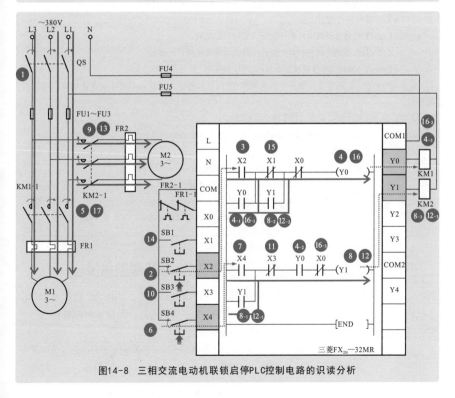

图14-8　三相交流电动机联锁启停PLC控制电路的识读分析

【1】合上电源总开关QS，接通三相电源。

【2】按下电动机M1的启动按钮SB2。

【3】PLC程序中输入继电器常开触点X2置1，即常开触点X2闭合。

【4】输出继电器Y0线圈得电。

　【4-1】自锁常开触点Y0闭合实现自锁。

　【4-2】同时控制输出继电器Y1的常开触点Y0闭合，为Y1得电做好准备。

　【4-3】PLC外接交流接触器KM1的线圈得电。

【4-3】→【5】主电路中的主触点KM1-1闭合，接通电动机M1电源，电动机M1启动运转。

【6】当需要电动机M2运行时，按下电动机M2的启动按钮SB4。

【7】PLC程序中的输入继电器常开触点X4置1，即常开触点X4闭合。

【8】输出继电器Y1线圈得电。

　【8-1】自锁常开触点Y1闭合实现自锁功能（锁定停止按钮SB1，用于防止当启动电动机M2时，误操作按动电动机M1的停止按钮SB1，而关断电动机M1，不符合反顺序停机的控制要求）。

　【8-2】控制输出继电器Y0的常闭触点Y1闭合，锁定常闭触点X1。

　【8-3】PLC外接交流接触器KM2的线圈得电。

【8-3】→【9】主电路中的主触点KM2-1闭合，接通电动机M2电源，电动机M2继M1之后启动运转。

【10】按下电动机M2的停止按钮SB3。

【11】将PLC程序中的输入继电器常闭触点X3置1，即常闭触点X3断开。

【12】输出继电器Y1线圈失电。

　【12-1】自锁常开触点Y1复位断开，解除自锁功能。

　【12-2】联锁常开触点Y1复位断开，解除对常闭触点X1的锁定。

　【12-3】控制PLC外接交流接触器KM2的线圈失电。

【12-3】→【13】连接在主电路中的主触点KM2-1复位断开，电动机M2供电电源被切断，电动机M2停转。

【14】按照反顺序停机要求，按下停止按钮SB1。

【15】将PLC程序中输入继电器常闭触点X1置1，即常闭触点X1断开。

【16】输出继电器Y0线圈失电。

　【16-1】自锁常开触点Y0复位断开，解除自锁功能。

　【16-2】PLC外接交流接触器KM1的线圈失电。

　【16-3】同时，控制输出继电器Y1的常开触点Y0复位断开。

【16-2】→【17】主电路中KM1-1复位断开，电动机M1供电电源被切断，继M2后停转。

14.3.2 | 三相交流电动机反接制动PLC控制电路的识图

三相交流电动机反接制动PLC控制电路主要是在PLC控制下将电动机绕组电源相序进行切换，从而实现正相启动运转，反相制动停机的控制过程。将PLC内部梯形图与外部电气部件控制关系结合，了解具体控制过程。

表14-3为三相交流电动机反接制动PLC控制电路的I/O分配表，图14-9为该电路的识读分析。

表14-3 三相交流电动机反接制动PLC控制电路的I/O分配表

输入信号及地址编号			输出信号及地址编号		
名 称	代号	输入点地址编号	名 称	代号	输出点地址编号
热继电器	FR-1	X0	交流接触器	KM1	Y0
启动按钮	SB1	X1	交流接触器	KM2	Y1
停止按钮	SB2	X2			
速度继电器常开触点	KS-1	X3			

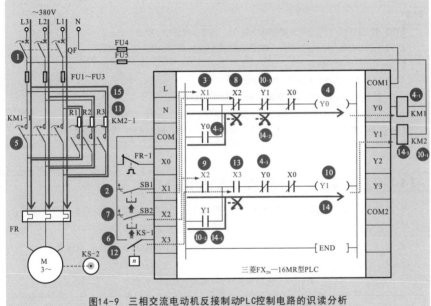

图14-9 三相交流电动机反接制动PLC控制电路的识读分析

【1】合上QF，接通三相电源。

【2】按下启动按钮SB1，其常开触点闭合。

【3】将PLC内的X1置1，该触点接通。

【4】输出继电器Y0得电。

　　【4-1】控制PLC外接交流接触器KM1的线圈得电。

　　【4-2】自锁常开触点Y0闭合自锁，使松开的启动按钮仍保持接通。

　　【4-3】常闭触点Y0断开，防止Y2得电，即防止接触器KM2的线圈得电。

【4-1】→【5】主电路中的常开主触点KM1-1闭合，接通电动机电源，电动机启动运转。

【4-1】→【6】同时速度继电器KS-2与电动机连轴同速运转，KS-1接通，PLC内部触点X3接通。

【7】按下停止按钮SB2，其触点闭合，控制PLC内输入继电器X2触点动作。

【7】→【8】控制输出继电器Y0线圈的常闭触点X2断开，输出继电器Y0线圈失电，控制PLC外接交流接触器KM1的线圈失电，带动主电路中主触点KM1-1复位断开，电动机断电作惯性运转。

【7】→【9】控制输出继电器Y1线圈的常开触点X2闭合。

【10】输出继电器Y1线圈得电。

　【10-1】控制PLC外接交流接触器KM2的线圈得电。

　【10-2】自锁常开主触点Y1接通，实现自锁功能。

　【10-3】控制输出继电器Y0线圈的常闭触点Y1断开，防止Y0得电，即防止接触器KM1的线圈得电。

【10-1】→【11】带动主电路中常开主触点KM2-1闭合，电动机串联限流电阻器R1～R3后反接制动。

【12】由于制动作用使电动机转速减小到0时，速度继电器KS-1断开。

【13】将PLC内输入继电器X3置0，即控制输出继电器Y1线圈的常开触点X3断开。

【14】输出继电器Y1线圈失电。

　【14-1】常开触点Y1断开，解除自锁。

　【14-2】常闭触点Y1接通复位，为Y0下次得电做好准备。

　【14-3】PLC外接的交流接触器KM2的线圈失电。

【14-3】→【15】常开主触点KM2-1断开，电动机切断电源，制动结束，电动机停止运转。

14.3.3 | 电动葫芦PLC控制电路的识图

　　电动葫芦是起重运输机械的一种，主要用来提升或下降及平移重物。电动葫芦的PLC控制电路就是借助PLC实现对电动葫芦的各项控制功能。

　　表14-4为电动葫芦PLC控制电路的I/O分配表，图14-10为该电路的识读分析。

表14-4　电动葫芦PLC控制电路的I／O分配表

输入信号及地址编号			输出信号及地址编号		
名　称	代号	输入点地址编号	名　称	代号	输出点地址编号
上升点动按钮	SB1	X1	上升接触器	KM1	Y0
下降点动按钮	SB2	X2	下降接触器	KM2	Y1
左移点动按钮	SB3	X3	左移接触器	KM3	Y2
右移点动按钮	SB4	X4	右移接触器	KM4	Y3
上升限位行程开关	SQ1	X5			
下降限位行程开关	SQ2	X6			
左移限位行程开关	SQ3	X7			
右移限位行程开关	SQ4	X10			

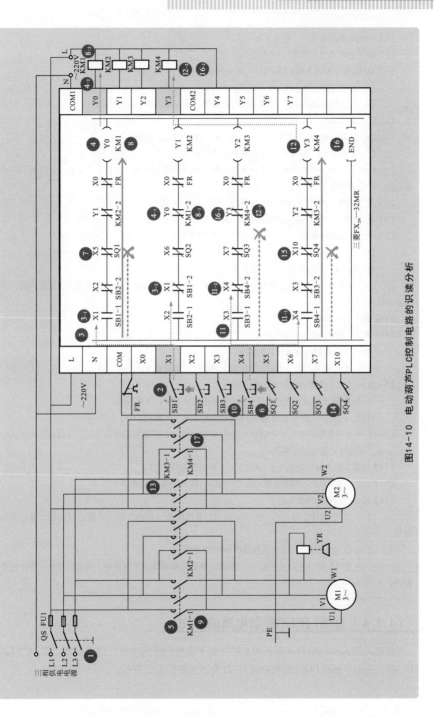

图14-10 电动葫芦PLC控制电路的识读分析

第1章
第2章
第3章
第4章
第5章
第6章
第7章
第8章
第9章
第10章
第11章
第12章
第13章
第14章

【1】合上电源总开关QS，接通三相电源。

【2】按下上升点动按钮SB1，其常开触点闭合。

【3】将PLC程序中输入继电器X1置1，即常开触点X1闭合，常闭触点X1断开。

　　【3-1】控制输出继电器Y0的常开触点X1闭合。

　　【3-2】控制输出继电器Y1的常闭触点X1断开，实现输入继电器互锁。

【3-1】→【4】输出继电器Y0线圈得电。

　　【4-1】常闭触点Y0断开实现互锁，防止输出继电器Y1线圈得电。

　　【4-2】控制PLC外接交流接触器KM1的线圈得电。

【4-1】→【5】带动主电路中的常开主触点KM1-1闭合，接通升降电动机正向电源，电动机正向启动运转，开始提升重物。

【6】当电动机上升到限位开关SQ1位置时，限位开关SQ1动作。

【7】将PLC程序中输入继电器常闭触点X5置1，即常闭触点X5断开。

【8】输出继电器Y0失电。

　　【8-1】控制Y1线路中的常闭触点Y0复位闭合，解除互锁，为输出继电器Y1得电做好准备。

　　【8-2】控制PLC外接交流接触器KM1的线圈失电。

【8-2】→【9】带动主电路中常开主触点KM1-1断开，断开升降电动机正向电源，电动机停转，停止提升重物。

【10】按下右移点动按钮SB4。

【11】将PLC程序中输入继电器X4置1，即常开触点X4闭合，常闭触点X4断开。

　　【11-1】控制输出继电器Y3的常开触点X4闭合。

　　【11-2】控制输出继电器Y2的常闭触点X4断开，实现输入继电器互锁。

【11-1】→【12】输出继电器Y3线圈得电。

　　【12-1】常闭触点Y3断开实现互锁，防止输出继电器Y2线圈得电。

　　【12-2】控制PLC外接交流接触器KM4的线圈得电。

【12-2】→【13】带动主电路中的常开主触点KM4-1闭合，接通位移电动机正向电源，电动机正向启动运转，开始带动重物向右平移。

【14】当电动机右移到限位开关SQ4位置时，限位开关SQ4动作。

【15】将PLC程序中输入继电器常闭触点X10置1，即常闭触点X10断开。

【16】输出继电器Y3线圈失电。

　　【16-1】控制输出继电器Y3的常闭触点Y3复位闭合，解除互锁，为输出继电器Y2得电做好准备。

　　【16-2】控制PLC外接交流接触器KM4的线圈失电。

【16-2】→【17】带动常开主触点KM4-1断开，断开位移电动机正向电源，电动机停转，停止平移重物。

14.3.4 | 自动门PLC控制电路的识图

　　自动门PLC控制电路是指在PLC的控制下实现门的自动开、闭等操作。表14-5为自动门PLC控制电路的I/O分配表，图14-11为该电路的识读分析。

表14-5 自动门PLC控制电路的I/O分配表

输入信号及地址编号			输出信号及地址编号		
名 称	代号	输入点地址编号	名 称	代号	输出点地址编号
开门按钮	SB1	X1	开门接触器	KM1	Y1
关门按钮	SB2	X2	关门接触器	KM2	Y2
停止按钮	SB3	X3	报警灯	HL	Y3
开门限位开关	SQ1	X4			
关门限位开关	SQ2	X5			
安全开关	ST	X6			

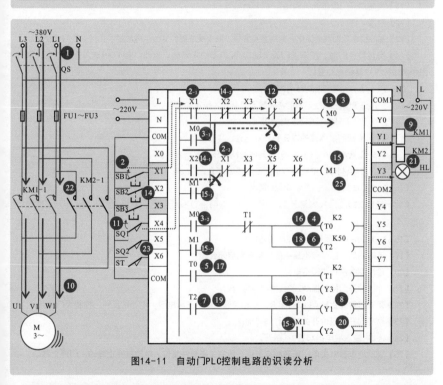

图14-11 自动门PLC控制电路的识读分析

【1】合上电源总开关QS，接通三相电源。

【2】按下开门开关SB1，PLC内部的输入继电器X1置1。

　　【2-1】控制辅助继电器M0的常开触点X1闭合。

　　【2-2】PLC内部控制M1的常闭触点X1断开，防止M1得电。

【2-1】→【3】辅助继电器M0线圈得电。

　　【3-1】控制M0电路的常开触点M0闭合，实现自锁。

【3-2】控制时间继电器T0、T2的常开触点M0闭合。

【3-3】控制输出继电器Y1的常开触点M0闭合。

【3-2】→【4】时间继电器T0线圈得电。

【5】延时0.2s后，T0的常开触点闭合，为定时器T1和Y3供电，使报警灯HL以0.4s为周期进行闪烁。

【3-2】→【6】时间继电器T2线圈得电。

【7】延时5s后，控制Y1电路中的T2常开触点闭合。

【8】输出继电器Y1线圈得电。

【9】PLC外接的开门接触器KM1的线圈得电吸合。

【10】带动其常开主触点KM1-1闭合，接通电动机三相电源，电动机正转，控制大门打开。

【11】当碰到开门限位开关SQ1后，SQ1动作。

【12】X4置0（断开）。

【13】辅助继电器M0线圈失电，所有触点复位，所有关联部件复位，电动机停止转动，门停止移动。

【14】当需要关门时，按下关门开关SB2，其内部的常闭触点断开。向PLC内送入控制指令，梯形图中的输入继电器触点X2置1。

【14-1】PLC内部控制M1的常开触点X2闭合。

【14-2】PLC内部控制M0的常闭触点X2断开，防止M0得电。

【14-1】→【15】辅助继电器M1线圈得电。

【15-1】控制M1电路的常开触点M1闭合，实现自锁。

【15-2】控制时间继电器T0、T2的常开触点M1闭合。

【15-3】控制输出继电器Y2的常开触点M1闭合。

【15-2】→【16】时间继电器T0线圈得电。

【17】延时0.2s后，T0的常开触点闭合，为定时器T1和Y3供电，使报警灯HL以0.4s为周期进行闪烁。

【15-2】→【18】时间继电器T2线圈得电。

【19】延时5s后，控制Y2电路中的T2常开触点闭合。

【20】输出继电器Y2线圈得电。

【21】外接的开门接触器KM2的线圈得电吸合。

【22】带动其常开主触点KM2-1闭合，反相接通电动机三相电源，电动机反转，控制大门关闭。

【23】当碰到开门限位开关SQ2后，SQ2动作。

【24】PLC内输入继电器X5置0（断开）。

【25】辅助继电器M1失电，所有触点复位，所有关联部件复位，电动机停止转动，门停止移动。

14.3.5 | PLC和变频器组合的刨床控制电路的识图

图14-12为刨床拖动系统中的变频调速和PLC控制关系图。主拖动系统需要一台三相异步电动机，调速系统由专用接近开关得到的信号接至PLC控制器的输入端，通过PLC的输出端控制变频器，以调整刨床在各时间段的转速。

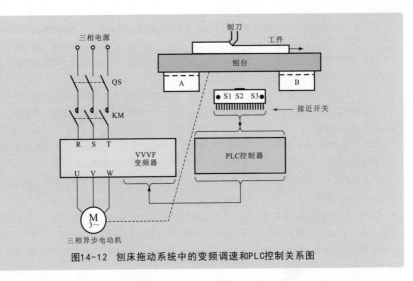

图14-12 刨床拖动系统中的变频调速和PLC控制关系图

图14-13为PLC和变频器组合的刨床控制电路的识读分析。

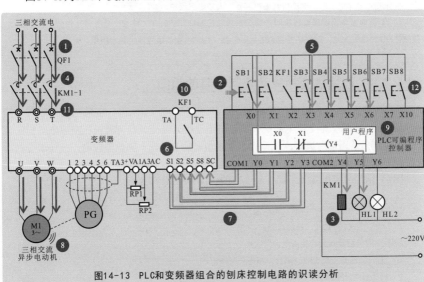

图14-13 PLC和变频器组合的刨床控制电路的识读分析

【1】合上总断路器QF1，接通三相电源。

【2】按下通电控制按钮SB1，该控制信号经PLC可编程序控制器的X0端子送入内部。

【3】经PLC内部程序识别、处理后，由PLC输出端子Y4、Y5输出控制信号，交流接触器KM1的线圈得电，同时电源指示灯HL1点亮，表示总电源接通。

【4】常开主触点KM1-1闭合，变频器主电路的输入端R、S、T得电，变频器进入待机准备状态。

【5】PLC可编程序控制器的输入端子X3～X6外接主机电动机的控制开关，当操作相应的控制按钮时，可将相应的控制指令送入PLC中。

【6】变频器的调速控制端S1、S2、S5、S8分别与PLC的输出端Y3～Y0相连接，即变频器的工作状态和输出频率取决于PLC输出端子Y3～Y0的状态。

【7】PLC对输入开关量信号进行识别和处理后，在内部用户程序的控制下由控制信号输出端子Y3～Y0输出控制信号，并将该信号加到变频器的S1、S2、S5、S8端子上，由变频器输入端子为变频器输入不同的控制指令。

【8】变频器执行各种控制指令，内部主电路部分进入工作状态，变频器的U、V、W端输出相应的变频调速控制信号，控制主机电动机各种步进、步退、前进、后退和变速的工作过程。

【9】当需要电动机M1停机时，按下停止按钮SB7，PLC输出端子输出停机指令，并送至变频器中，变频器主电路部分停止输出，M1在一个往复周期结束之后才会切断变频器的电源。

【10】一旦变频器发生故障或检测到控制电路及负载电动机出现过载、过热故障时，由变频器故障输出端TA、TC端输出故障信号，常开触点KF1闭合，将故障信号经PLC的X2端子送入内部。PLC内部识别出故障停机指令，由输出端子Y4、Y5、Y6输出，控制交流接触器KM1的线圈失电，故障指示灯HL2点亮，进行故障报警指示。

【11】同时，交流接触器KM1的主触点KM1-1复位断开，切断变频器的供电电源，电源指示灯HL1熄灭。变频器失电停止工作，电动机M1失电停转，实现电路保护功能。

【12】当遇紧急情况需要停机时，按下系统总控制按钮SB8，PLC将输出紧急停止指令，控制交流接触器KM1的线圈失电，进而切断变频器供电电源（控制过程与故障停机基本相同）。

14.3.6　鼓风机变频驱动控制电路的识图

　　燃煤炉鼓风机变频电路中采用康沃CVF-P2-4T0055型风机、水泵专用变频器，控制对象为5.5kW的三相交流电动机（鼓风机电动机）。变频器可对三相交流电动机的转速进行控制，从而调节风量，风速大小要求由司炉工操作，因炉温较高，故要求变频器放在较远处的配电柜内。

　　图14-14为鼓风机变频驱动控制电路的识读分析。

【1】合上总断路器QF，接通三相电源。

【2】按下启动按钮SB2，其触点闭合。

【3】交流接触器KM的线圈得电。

　　【3-1】常开主触点KM-1闭合，接通变频器电源。

　　【3-2】常开触点KM-2闭合自锁。

　　【3-3】常开触点KM-3闭合，为KA得电做好准备。

【3-2】→【4】变频器通电指示灯点亮。

【5】按下运行按钮SF，其常开触点闭合。

【3-3】+【5】→【6】中间继电器KA的线圈得电。

　　【6-1】常开触点KA-1闭合，向变频器送入正转运行指令。

　　【6-2】常开触点KA-2闭合，锁定系统停止按钮SB1。

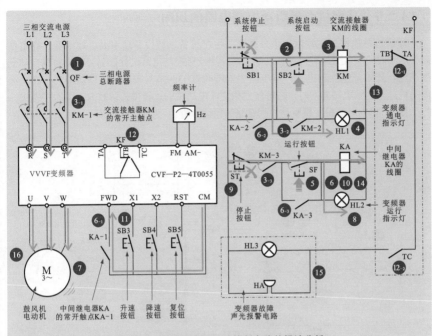

图14-14 鼓风机变频驱动控制电路的识读分析

【6-3】常开触点KA-3闭合自锁。

【6-1】→【7】变频器启动工作,向鼓风机电动机输出变频驱动电源,电动机开机正向启动,并在设定频率下正向运转。

【3-3】+【5】→【8】变频器运行指示灯点亮。

【9】当需要停机时,首先按下停止按钮ST。

【10】中间继电器KA的线圈失电释放,其所有触点均复位:常开触点KA-1复位断开,变频器正转运行端FWD指令消失,变频器停止输出;常开触点KA-2复位断开,解除对停止按钮SB1的锁定;常开触点KA-3复位断开,解除对运行按钮SF的锁定。

【11】当需要调整鼓风机电动机转速时,可通过操作升速按钮SB3、降速按钮SB4向变频器送入调速指令,由变频器控制鼓风机电动机转速。

【12】当变频器或控制电路出现故障时,其内部故障输出端子TA-TB断开,TA-TC闭合。

　　【12-1】TA-TB触点断开,切断启动控制电路供电。

　　【12-2】TA-TC触点闭合,声光报警电路接通电源。

【12-1】→【13】交流接触器KM的线圈失电;变频器通电指示灯熄灭。

【12-1】→【14】中间继电器KA的线圈失电;变频器运行指示灯熄灭。

【12-2】→【15】报警指示灯HL3点亮、报警器HA发出报警声,进行声光报警。

【16】变频器停止工作,鼓风机电动机停转,等待检修。

14.3.7 | 球磨机变频驱动控制电路的识图

　　球磨机是机械加工领域中十分重要的生产设备，该设备功率大、效率低、耗电量高、启动时负载大且运行时负载波动大，使用变频控制电路进行控制可根据负载自动变频调速，还可降低启动电流。该电路中采用四方E380系列大功率变频器控制三相交流电动机。当变频电路异常时，还可将三相交流电动机的运转模式切换为工频运转模式。

　　图14-15为球磨机变频驱动控制电路的识读分析。

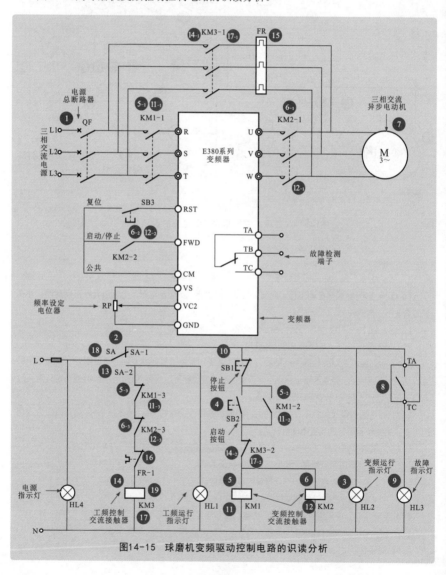

图14-15　球磨机变频驱动控制电路的识读分析

【1】合上总断路器QF，接通三相电源，电源指示灯HL4点亮。

【2】将转换开关SA拨至变频运行位置，SA-1闭合。

【3】变频运行指示灯HL2点亮。

【4】按下启动按钮SB2。

【4】→【5】交流接触器KM1的线圈得电。

　　【5-1】常开主触点KM1-1闭合，变频器的主电路输入端R、S、T得电。

　　【5-2】常开辅助触点KM1-2闭合自锁。

　　【5-3】常闭辅助触点KM1-3断开，防止交流接触器KM3的线圈得电，起联锁保护作用。

【4】→【6】交流接触器KM2的线圈同时得电。

　　【6-1】常开主触点KM2-1闭合，为三相交流电动机的变频启动做好准备。

　　【6-2】常开辅助触点KM2-2闭合，变频器FWD端子与CM端子短接，变频器接收到启动指令（正转）。

　　【6-3】常闭辅助触点KM2-3断开，防止交流接触器KM3的线圈得电，起联锁保护作用。

【5-1】+【6-1】+【6-2】→【7】变频器内部主电路开始工作，U、V、W端输出变频电源，经KM2-1后加到三相交流电动机的三相绕组上，三相交流电动机开始启动，启动完成后达到指定的速度运转。变频器按给定的频率驱动电动机，如果需要微调频率，可调整电位器RP。

【8】当球磨机变频控制电路出现过载、过电流、过热等故障时，变频器故障输出端子TA和TC短接。

【9】故障指示灯HL3点亮，指示球磨机变频控制电路出现故障。

【10】当需要停机时，按下停止按钮SB1。

【10】→【11】交流接触器KM1的线圈失电。

　　【11-1】常开主触点KM1-1复位断开，切断变频器的主电路输入端R、S、T的供电，变频器内部主电路停止工作，三相交流电动机失电停转。

　　【11-2】常开辅助触点KM1-2复位断开，解除自锁。

　　【11-3】常闭辅助触点KM1-3复位闭合，解除对交流接触器KM3线圈的联锁保护。

【10】→【12】交流接触器KM2的线圈失电。

　　【12-1】常开主触点KM2-1复位断开，切断三相交流电动机的变频供电电路。

　　【12-2】常开辅助触点KM2-2复位断开，变频器FWD端子与CM端子断开，切断启动指令的输入，变频器内部控制电路停止工作。

　　【12-3】常闭辅助触点KM2-3复位闭合，解除对交流接触器KM3线圈的联锁保护。

【13】当三相交流电动机不需要调速时，可直接将三相交流电动机的运转模式切换至工频运转。即将转换开关SA拨至工频运行位置，SA-2闭合。

【14】交流接触器KM3的线圈得电。

　　【14-1】常开主触点KM3-1闭合，三相交流电动机接通电源，工频启动运转。

　　【14-2】常闭触点KM3-2断开，防止交流接触器KM1、KM2的线圈得电，起联锁保护作用。

【15】在工频运行过程中，当热继电器检测到三相交流电动机出现过载、断相、电流不平衡以及过热故障时，热继电器FR动作。

【16】常闭触点FR-1断开。

【17】交流接触器KM3的线圈失电。

　　【17-1】常开主触点KM3-1复位断开，切断电动机供电电源，电动机停止运转。

　　【17-2】常闭辅助触点KM3-2复位闭合，解除对交流接触器KM1、KM2线圈的联锁保护。

【18】当需要电动机工频运行停止时，将转换开关SA拨至变频运行位置，SA-1闭合，SA-2断开。

【19】交流接触器KM3的线圈失电，常开触点KM3-1复位断开，常闭触点KM3-2复位闭合，三相交流电动机停止运转。

14.3.8 物料传输机变频驱动控制电路的识图

物料传输机是一种通过电动机带动传动设备来向定点位置输送物料的工业设备，该设备要求传输的速度可以根据需要改变，以保证物料的正常传送。在传统控制电路中一般由电动机通过齿轮或电磁离合器进行调速控制，其调速控制过程较硬，制动功耗较大，使用变频器进行控制能减少启动及调速过程中的冲击，可有效降低耗电量，同时还大大提高了调速控制的精度。

图14-16为物料传输机变频驱动控制电路的识读分析。

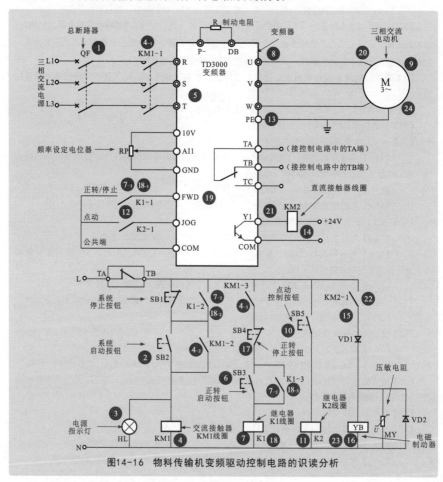

图14-16 物料传输机变频驱动控制电路的识读分析

【1】合上总断路器QF，接通三相电源。

【2】按下启动按钮SB2。

【2】→【3】电源指示灯HL点亮。

【2】→【4】交流接触器KM1的线圈得电。

　　【4-1】常开触点KM1-1闭合。

　　【4-2】常开触点KM1-2闭合自锁。

　　【4-3】常开触点KM1-3闭合，接入正向运转/停机控制电路。

【4-1】→【5】三相电源接入变频器的主电路输入端R、S、T端，变频器进入待机状态。

【6】按下正转启动按钮SB3。

【7】继电器K1的线圈得电。

　　【7-1】常开触点K1-1闭合，变频器执行正转启动指令。

　　【7-2】常开触点K1-2闭合，防止误操作系统停止按钮SB1时切断电路。

　　【7-3】常开触点K1-3闭合自锁。

【7-1】→【8】变频器内部主电路开始工作，U、V、W端输出变频电源。

【9】变频器输出的电源频率按预置的升速时间上升至与频率给定电位器设定的数值，电动机按照给定的频率正向运转。

【10】当需要变频器进行点动控制时，可按下点动控制按钮SB5。

【11】继电器K2的线圈得电。

【12】常开触点K2-1闭合。

【13】变频器执行点动运行指令。

【14】当变频器U、V、W端输出频率超过电磁制动预置频率时，直流接触器KM2的线圈得电。

【15】常开触点KM2-1闭合。

【16】电磁制动器YB的线圈得电，释放电磁抱闸，电动机可以启动运转。

【17】按下正转停止按钮SB4。

【18】继电器K1的线圈失电。

　　【18-1】常开触点K1-1复位断开。

　　【18-2】常开触点K1-2复位断开，解除联锁。

　　【18-3】常开触点K1-3复位断开，解除自锁。

【18-1】→【19】切断变频器正转运转指令输入。

【20】变频器执行停止指令，由其U、V、W端输出变频停止驱动信号，加到三相交流电动机的三相绕组上，三相交流电动机转速开始降低。

【21】在变频器输出停止指令过程中，当U、V、W端输出频率低于电磁制动预置频率（如0.5Hz）时，直流接触器KM2的线圈失电。

【22】常开触点KM2-1复位断开。

【23】电磁制动器YB的线圈失电，电磁抱闸制动，将电动机抱紧。

【24】电动机停止运转。

附录 基本电气部件的文字标识

序号	种 类	字母符号		对应中文名称
		单字母	双字母	
1	组件 部件	A	—	分立元件放大器
			—	激光器
			—	调节器
			AB	电桥
			AD	晶体管放大器
			AF	频率调节器
			AG	给定积分器
			AJ	集成电路放大器
			AM	磁放大器
			AV	电子管放大器
			AP	印制电路板、脉冲放大器
			AT	抽屉柜、触发器
			ATR	转矩调节器
			AR	支架盘、电动机扩大机
			AVR	电压调节器
2	变换器 （从非电量到电量或 从电量到非电量）	B	—	热电传感器、热电池、光电池、测功计、晶体转换器
			—	送话器
			—	拾音器
			—	扬声器
			—	耳机
			—	自整角机
			—	旋转变压器
			—	模拟和多级数字
			—	变换器或传感器
			BC	电流变换器
			BO	光电耦合器
			BP	压力变换器
			BPF	触发器
			BQ	位置变换器
			BR	旋转变换器
			BT	温度变换器
			BU	电压变换器
			BUF	电压-频率变换器
			BV	速度变换器
3	电容器	C	—	电容器
			CD	电流微分环节
			CH	斩波器
4	二进制单元 延迟器件 存储器件	D	—	数字集成电路和器件、延迟线、双稳态元件、单稳态元件、磁芯存储器、寄存器、磁带记录机、盘式记录机、光器件、热器件
			DA	与门
			D（A）N	与非门
			DN	非门
			DO	或门
			DPS	数字信号处理器

（续表）

序号	种类	字母符号 单字母	双字母	对应中文名称
5	杂项	E	—	本表其他地方未提及的元件
			EH	发热器件
			EL	照明灯
			EV	空气调节器
6	保护器件	F	—	过电压放电器件、避雷器
			FA	具有瞬时动作的限流保护器件
			FB	反馈环节
			FF	快速熔断器
			FR	具有延时动作的限流保护器件
			FS	具有延时和瞬时动作的限流保护器件
			FU	熔断器
			FV	限压保护器件
7	发电机 电源	G	—	旋转发电机、振荡器
			GS	发生器、同步发电机
			GA	异步发电机
			GB	蓄电池
			GF	旋转式或固定式变频机、函数发生器
			GD	驱动器
			G-M	发电机-电动机组
			GT	触发器（装置）
8	信号器件	H	—	信号器件
			HA	声响指示器
			HL	光指示器、指示灯
			HR	热脱扣器
9	继电器 接触器	K	—	继电器
			KA	瞬时接触继电器、交流接触器、电流继电器
			KC	控制继电器
			KG	气体继电器
			KL	闭锁接触继电器、双稳态继电器
			KM	接触器、中间继电器
			KMF	正向接触器
			KMR	反向接触器
			KP	极化继电器、簧片继电器、功率继电器
			KT	延时有或无继电器、时间继电器
			KTP	温度继电器、跳闸继电器
			KR	逆流继电器
			KVC	欠电流继电器
			KVV	欠电压继电器
10	电感器 电抗器	L	—	感应线圈、线路陷波器，电抗器（并联和串联）
			LA	桥臂电抗器
			LB	平衡电抗器
11	电动机	M	—	电动机
			MC	笼型电动机
			MD	直流电动机
			MS	同步电动机

（续表）

序号	种类	字母符号		对应中文名称
		单字母	双字母	
11	电动机	M	MG	可作发电机或电动机用的电动机
			MT	力矩电动机
			MW（R）	绕线转子电动机
12	模拟集成电路	N		运算放大器、模拟/数字混合器件
13	测量设备 试验设备	P	—	指示器件、记录器件、计算测量器件、信号发生器
			PA	电流表
			PC	（脉冲）计数器
			PJ	电度表（电能表）
			PLC	可编程控制器
			PRC	环形计数器
			PS	记录仪器、信号发生器
			PT	时钟、操作时间表
			PV	电压表
			PWM	脉冲调制器
14	电力电路的开关	Q	QF	继路器
			QK	刀开关
			QL	负荷开关
			QM	电动机保护开关
			QS	隔离开关
15	电阻器	R	—	电阻器
			—	变阻器
			RP	电位器
			RS	测量分路表
			RT	热敏电阻器
			RV	压敏电阻器
16	控制电路的开关 选择器	S	—	拨号接触器、连接极
			—	机电式有或无传感器
			SA	控制开关、选择开关、电子模拟开关
			SB	按钮开关、停止按钮
			SL	液体标高传感器
			SM	主令开关、伺服电动机
			SP	压力传感器
			SQ	位置传感器
			SR	转数传感器
			ST	温度传感器
17	变压器	T	TA	电流互感器
			TAN	零序电流互感器
			TC	控制电路电源用变压器
			TI	逆变压器
			TM	电力变压器
			TP	脉冲变压器
			TR	整流变压器
			TS	磁稳压器
			TU	自耦变压器
			TV	电压互感器

（续表）

序号	种类	字母符号		对应中文名称
		单字母	双字母	
18	调制器 变换器	U	—	鉴频器、编码器、交流器、电报译码器
			UR	变流器、整流器
			UI	逆变器
			UPW	脉冲调制器
			UD	解调器
			UF	变频器
19	电真空器件 半导体器件	V	—	气体放电管、二极管、晶体管、晶闸管
			VC	控制电路用电源的整流器
			VD	二极管
			VE	电子管
			VZ	稳压二极管
			VT	三极管、场效应晶体管
			VS	晶闸管
			VTO	门极关断晶闸管
20	传输通道 波导、天线	W	—	导线、电缆、波导、波导定向耦合器、偶极天线、抛物面天线
			WB	母线
			WF	闪光信号小母线
21	端子 插头 插座	X	—	连接插头和插座、接线柱、电缆封端和接头、焊接端子板
			XB	连接片
			XJ	测试塞孔
			XP	插头
			XS	插座
			XT	端子板
22	电气操作的机械装置	Y	—	气阀
			YA	电磁铁
			YB	电磁制动器
			YC	电磁离合器
			YH	电磁吸盘
			YM	电动阀
			YV	电磁阀
23	终端设备 混合变压器 滤波器、均衡器 限幅器	Z	—	电缆平衡网络、压缩扩展器、晶体滤波器、网络